BUNDESANSTALT FÜR ARBEITSSCHUTZ

Rheinisch-Westfälischer Technischer Überwachungs-Verein e. V.

TECHNISCHE EINRICHTUNGEN ZUR SICHERUNG VON EINZELARBEITSPLÄTZEN

J. Bocklenberg
E. Griegeskorte
A. Wenn
J. Maskos

Dortmund 1983

Forschungsbericht Nr. 326

2. Auflage

Bearbeiter: Dipl.-Psych. Joachim Bocklenberg
Dipl.-Psych. Ernst Griegeskorte
Dr.-Ing. Aloys Wenn
Jürgen Maskos
Rheinisch-Westfälischer Technischer Überwachungs-Verein e. V.

Herausgeber: Bundesanstalt für Arbeitsschutz
– Öffentlichkeitsarbeit –
Postfach 17 02 02
4600 Dortmund 17

Druck und Verlag: Wirtschaftsverlag NW
Verlag für neue Wissenschaft GmbH
Postfach 10 11 10
2850 Bremerhaven 1
Telefon (04 71) 4 60 93-95
ISBN 3-88314-244-1

Kurzfassung

In einer "pilot-study" wird über die Sicherung von Einzelarbeitsplätzen referiert.
Bestehende Sicherheitsvorschriften zum Problembereich "Allein-Arbeiten" sind zusammengestellt, Verbesserungsvorschläge werden diskutiert.
Zur Zeit auf dem Markt befindliche automatische, willensunabhängige Personensicherungssysteme werden beschrieben und nach Einsatzmöglichkeiten überprüft.
Durch Befragungen und Interviews in Betrieben wird über praktische Erfahrungen mit den Personensicherungssystemen berichtet. Das Problem der Akzeptanz von Überwachungsanlagen stand dabei im Vordergrund.

Technical equipment for safety at individual work places

Summary

In a pilot-study, a report is made on the safety of individual work places.
Existing safety regulations concerning the problem "working alone" are listed and improvement suggestions are discussed.
Automatic safety systems for workers, currently on the market and which act independently of will are described and tested for their possible application.
The practical experience with safety systems for workers are reported by means of questionnaires and interviews.
Emphasis was placed on the tolerance of supervision equipment.

Equipements techniques pour la sécurité des postes de travail isolés

Résumé

L'étude pilote se porte sur la sécurité des postes des travail isolés.

Elle indique les prescriptions de sécurité existantes au sujet du problème "travailleurs isolés" et discute les suggestions d'amélioration.

Il suit une description des systèmes de sécurité automatiques assurant la protection du personnel indépendamment de la volonté. Les domaines d'application de ces systèmes déjà mis sur le marché sont ensuite examinés.

Au moyen de questionnaires et d'interviews dans des entreprises on a collecté les expériences acquises dans le domaine desdits systèmes en mettant l'accent sur l'acceptation des installations de surveillance.

V o r w o r t

Im betrieblichen Bereich sind Unfälle, Stör- und Schadensfälle trotz aller Bemühungen um Unfallverhütung nur begrenzt vermeidbar. Gewöhnlich finden diese Ereignisse im unmittelbaren Wahrnehmungsbereich anderer Personen statt, die ohne Verzug Hilfs- oder Gegenmaßnahmen ergreifen oder veranlassen können.

Ungünstig für eine rasche Hilfeleistung stellen sich beim Eintreten eines Unfalles zunächst die Rahmenbedingungen bei Arbeitsplätzen dar, deren Inhaber isoliert arbeiten und keinen Kontakt zu anderen Personen haben.

Es ist Ziel dieses Berichts, die bisher systematisch nicht erfaßten technischen und psychologischen Probleme und Möglichkeiten der Sicherung dieser Einzelarbeitsplätze in einer ersten Annäherung darzustellen und den Sicherheitsfachkräften der Betriebe Hinweise für Problemlösungen anzubieten.

Um die erforderlichen Informationen und Daten zu erhalten, waren wir fast ausschließlich auf das in den Betrieben und bei den Herstellerfirmen von Überwachungssystemen vorhandene Wissen angewiesen.

Unser besonderer Dank gilt deshalb Betriebsleitungen und Sicherheitsfachkräften der Firmen, die uns im Rahmen einer Fragebogenaktion, bei Interviews und Betriebsbegehungen bereitwillig unterstützt und mit den notwendigen Informationen versorgt haben.

In gleicher Weise danken wir den Herstellerfirmen, die uns ihre Personensicherungssysteme zur Erprobung und Prüfung zur Verfügung gestellt haben.

Die Verfasser

Inhaltsverzeichnis

...

1. Zusammenfassung

Die wirtschaftliche und technische Entwicklung hat in Betrieben zu Rationalisierungsmaßnahmen geführt. Dadurch sind unter anderem auch in zunehmendem Maße Einzelarbeitsplätze entstanden, an denen ein Schadensereignis aufgrund des "Allein-Arbeitens" von anderen nicht sofort registriert wird und somit eine Hilfeleistung unterbleiben kann.

Aus diesem Grund sind in den einschlägigen Sicherheitsvorschriften Anforderungen an die sicherheitstechnische Überwachung von Einzelarbeitsplätzen gestellt worden. Gleichzeitig sind auf dem Markt Sicherungssysteme erschienen, die eine Überwachung gefährdeter Personen ermöglichen.

Systematische Kenntnisse über das Problem "Einzelarbeitsplatz" sind bisher kaum vorhanden.

Unsere Untersuchung will Betriebsleitungen, Sicherheitsfachkräften und Betriebsärzten erste Ergebnisse zu diesem Bereich für die praktische Nutzung an die Hand geben. Inwieweit die Ergebnisse auch auf hier nicht untersuchte Bereiche (Bergbau, Bundeswehr, -post und -bahn) übertragbar sind, wird von den dort tätigen Sicherheitskräften zu prüfen sein. Einige hier referierte Ergebnisse dürften wohl Allgemeingültigkeit besitzen.

Unsere Arbeit - die den Charakter einer Pilot-Studie hat - sieht die Aufarbeitung folgender Gesichtspunkte vor:

- Schätzungen von Anzahl und Art von Einzelarbeitsplätzen
- Analyse des Unfallgeschehens
- technische und psychologische Beurteilung von Überwachungssystemen für Einzelarbeitsplätze und Akzeptanz durch die Betroffenen
- Zusammenstellung der vorliegenden Sicherheitsvorschriften zur Überwachung von Einzelarbeitsplätzen und Perspektiven für die Weiterentwicklung.

Zur Beantwortung dieser Fragenkomplexe haben wir einen Fragebogen entwickelt und an ca. 800 Betriebe in Nordrhein-Westfalen versandt. 282 Betriebe haben den Fragebogen ausgefüllt zurückgesandt. Wir konnten daraus eine Schätzung der Art und Anzahl von Einzelarbeitsplätzen vornehmen, nach der bei einer Gesamtzahl von ca. 400.000 Mitarbeitern etwa 1.000 Einzelarbeitsplätze vorhanden sind.
Eine - sehr vorsichtige - Schätzung läßt vermuten, daß im Bereich der BR Deutschland ca. 3.400 Einzelarbeitsplätze mit automatischen, willensunabhängigen Alarmsystemen gesichert werden.

Aufgrund der Fragebogenergebnisse wurden Interviews in verschiedenen Betrieben durchgeführt, in denen Einzelarbeitsplätze durch technische Systeme gesichert werden. Die mit den Systemen gemachten Erfahrungen werden referiert. Aus den Befragungen kann gefolgert werden, daß in vielen Fällen die Arbeitsplätze noch nicht hinreichend auf die Qualität "gefährlicher Einzelarbeitsplatz" überprüft wurden.

Daneben werden auf dem Markt befindliche Sicherungssysteme beschrieben und auf die unterschiedlichen Einsatzmöglichkeiten hin untersucht. Anhand der Befragungen werden Überlegungen zur Verbesserung der Akzeptanz der Sicherungsgeräte angestellt.

Die Sicherheitsvorschriften sind nach Durchsicht und nach Befragung von Sicherheitsbeauftragten nicht ganz frei von Widersprüchen, so daß in den Betrieben starke Auslegungsdifferenzen erkennbar waren.
Vorschläge zu einer Verbesserung der Vorschriften werden referiert.

2. Einleitung

2.1 Unfallgeschehen am Arbeitsplatz

Ein Betriebsunfall ist das plötzliche, ungewollte, einen Sachschaden und/oder eine Verletzung bewirkende Ereignis, welches den planmäßigen Betriebsablauf merklich oder erkennbar stört bzw. unterbricht (COMPES, 1965). Unfälle sind in unserer hochtechnisierten Umwelt an der Tagesordnung. Im Jahr 1979 wurden im Zuständigkeitsbereich der Berufsgenossenschaften insgesamt 1.524.928 Arbeitsunfälle angezeigt (Arbeitsunfallstatistik für die Praxis, 1981). Dabei endeten 1.996 Arbeitsunfälle tödlich.

Die Zahlen belegen die große volks- und betriebswirtschaftliche Bedeutung des Unfallereignisses als Begleiterscheinung der Technik, unabhängig von dem großen Leid, das den Betroffenen bzw. deren Angehörigen widerfährt.

Aus diesen Daten ergeben sich zwangsläufig Notwendigkeiten zur Unfallverhütung.

Ein erstes Arbeitsschutzgesetz entstand bereits im Jahre 1839. Der § 120 der Gewerbeordnung wurde 1891 aufgenommen, nach dem Unternehmer dazu angehalten werden, "den Betrieb so zu regeln, daß die Arbeiter gegen Gefahren für Leben und Gesundheit soweit geschützt sind, wie es die Natur des Betriebes gestattet."
1960 trat das Jugendarbeitsschutzgesetz in Kraft.
Das Arbeitssicherheitsgesetz schrieb 1973 vor, in jedem Betrieb mit mehr als 20 Beschäftigten einen Sicherheitsbeauftragten zu bestellen. Es folgen die Arbeitsstoff- und Arbeitsstättenverordnung, das Gerätesicherheitsgesetz und das Chemikaliengesetz.
Insgesamt liegen nunmehr über 150 Gesetze und Rechtsverordnungen, über 3.000 Unfallverhütungsvorschriften und über 5.000 technische Regeln vor. Die Forderung nach einem kompakten, für alle Bereiche gültigen, einheitlichen Arbeitsschutzgesetz wird derzeit öffentlich diskutiert.

Wahrscheinlich mitbedingt durch die verschiedenen Sicherheitsvorschriften ist im Vergleich zu früheren Jahren eine deutliche Senkung der Arbeitsunfälle im Bereich der Berufsgenossenschaften zu verzeichnen:

1960: 2.262.929 Arbeitsunfälle,
1970: 2.010.395 Arbeitsunfälle,
1980: 1.575.500 Arbeitsunfälle (geschätzt).

Eine weitere Erklärung für die sinkenden Unfallzahlen dürfte die betriebliche Automatisierung und Rationalisierung sein. Für den Menschen gefährliche Arbeit wird in hohem Maße von Maschinen erledigt.

Dennoch erscheinen in diesem Zusammenhang Überlegungen über Unfallursachen interessant, wie sie von STEININGER (1981) angestellt werden (Zitat):

...... von seinen Anlagen her betrachtet, sieht es wahrlich schlecht aus mit der Zuverlässigkeit des Menschen, wenn man diese als Fehlerwahrscheinlichkeit definiert. Nach realistischen Schätzungen soll ein arbeitender Mensch pro Arbeitstag 20.000 bis 100.000 Gelegenheiten haben, Fehler zu machen. Nimmt man eine Fehlerrate von nur einem Prozent an, so würde er demnach täglich 20 bis 100 Fehler bei der Arbeit machen (1).

Aus zahlreichen Berichten über die Ursache von Unfällen geht hervor, worin diese Fehler bestehen können:

- Nichtbeachten von Vorschriften und Verfahren
- Fehler in der Kommunikation und Kooperation
- Fehler in der Wahrnehmung und Informationsaufnahme
- Fehler in der Informationsverarbeitung und Entscheidungsfindung
- Fehlerhafte manuelle Handhabung von Geräten ...."

2.2 Überleitung zum "Einzelarbeitsplatz"

Durch Rationalisierungsmaßnahmen ist die menschliche Arbeitskraft in vielen Bereichen ersetzt worden durch Maschinen. Eine weitere Konsequenz dieser Rationalisierung ist die zunehmende Anzahl von Einzelarbeitsplätzen, von denen nicht wenige in Arbeitsbereichen angesiedelt sind, an denen Personen zu Schaden kommen können. In keiner Statistik werden Unfälle an Einzelarbeitsplätzen gesondert ausgewiesen. Es spricht jedoch nicht gegen die Hypothese, daß sich Unfälle an Einzelarbeitsplätzen in mindestens ähnlicher Häufigkeit ereignen wie bei Arbeiten in Gruppen. Der entscheidende Unterschied zwischen "Allein-Arbeit" auf der einen und "Gruppenarbeit" auf der anderen Seite liegt somit weniger in der Tatsache des Unfallereignisses selbst begründet, sondern mehr in den extrem differierenden Grundbedingungen der Bergung und Versorgung des Verletzten nach einem eingetretenen Störfall.
Bei der Arbeit in Gruppen wird im Regelfall sofort zumindest "Erste Hilfe" geleistet und gleichzeitig erfolgt eine Alarmierung kompetenter Rettungsgruppen (z.B. Krankenwagen, Feuerwehr, Betriebsarzt etc.).
Das Problem bei "Allein-Arbeiten" ist, daß möglicherweise niemand den Unfall bemerkt und der Verletzte selbst nicht in der Lage ist (z.B. durch Besinnungslosigkeit, Bewegungsunfähigkeit o.ä.), einen Alarm auszulösen.

Dieses Problem ist natürlich bekannt und die Elektroindustrie bietet mittlerweise eine Anzahl von Systemen für Überwachungszwecke an. Die Tatsache des "Allein-Arbeitens" an sich kann jedoch differenzierte Überwachungsmaßnahmen noch nicht rechtfertigen. Sonst müßten im Extremfall alle Beschäftigten, die z.B. über einen eigenen Büroraum verfügen, überwacht werden, weil auch hier ein - etwa krankheitsbedingter - Störfall eintreten kann. Daraus folgt das Erfordernis, zunächst den Begriff des "gefährlichen Einzelarbeitsplatzes" möglichst exakt zu definieren und abzugrenzen von dem Begriff des "Allein-Arbeitens".

3. Bestehende Sicherheitsvorschriften zum Einzelarbeitsplatz

Bei der Durchsicht der bestehenden Sicherheitsvorschriften zum Problembereich "Einzelarbeitsplätze" fanden sich zwei grundlegende Bestimmungen:

1) Verordnung über Arbeitsstätten (Arbeitsstättenverordnung - ArbStättV) vom 20.03.1975

§ 27

Arbeitsplätze mit erhöhter Unfallgefahr

An Einzelarbeitsplätzen mit erhöhter Unfallgefahr, die außerhalb der Ruf- und Sichtweite zu anderen Arbeitsplätzen liegen und nicht überwacht werden, müssen Einrichtungen vorhanden sein, mit denen im Gefahrfall Hilfspersonen herbeigerufen werden können.

2) UVV "Allgemeine Vorschriften" (VBG 1)

§ 36

Gefährliche Arbeiten

1. Gefährliche Arbeiten dürfen nur geeigneten Personen, denen die damit verbundenen Gefahren bekannt sind, übertragen werden.

2. Wird eine Arbeit von mehreren Personen gemeinschaftlich ausgeführt und erfordert sie zur Vermeidung von Gefahren eine gegenseitige Verständigung, so muß eine zuverlässige, mit der Arbeit vertraute Person die Aufsicht führen.

3. Wird eine gefährliche Arbeit von einer Person allein ausgeführt, so hat der Unternehmer eine Überwachung sicherzustellen, insbesondere hat er dafür zu sorgen, daß

   - sich die allein arbeitende Person bei Durchführung der Arbeiten in Sichtweite zu anderen Personen befindet,

   - die allein arbeitende Person durch Kontrollgänge in kurzen Abständen beaufsichtigt wird,

- ein zeitlich abgestimmtes Meldesystem eingerichtet wird, durch das ein vereinbarter, in bestimmten Zeitabständen zu wiederholender Anruf erfolgt
  oder
- von der allein arbeitenden Person ein Hilfsgerät (Signalgeber) getragen wird, das drahtlos, automatisch und willensunabhängig Alarm auslöst, wenn es eine bestimmte Zeitdauer in einer definierten Lage verbleibt (Zwangshaltung der Person).

Durchführungsanweisungen

Zu § 36 Abs. 1

Gefährliche Arbeiten sind z.B. Schweißen in engen Räumen, Befahren von Behältern oder engen Räumen, Befahren von Silos und Bunkern, Feuerarbeiten in brand- und explosionsgefährdeten Bereichen oder an geschlossenen Hohlkörpern, Druckproben und Dichtigkeitsprüfungen an Behältern, Erprobung von technischen Großanlagen wie z.B. Kesselanlagen, Sprengarbeiten, bestimmte Arbeiten an elektrischen Anlagen und Betriebsmitteln, Arbeiten in gasgefährdeten Bereichen.

Zum § 36 Abs. 1 wird noch eine zusätzliche Erläuterung gegeben:

Wir erläutern § 36 Abs. 1

Mitarbeiter muß geeignet sein

Was "gefährliche Arbeiten" sind, richtet sich nach der Art des Betriebes, der Art der Arbeiten, dem hergestellten Erzeugnis, der "allgemeinen Verkehrsauffassung". Der Fachmann wird wissen, was gefährlich ist. Grundsätzlich wird man sagen können:

Die üblichen betrieblichen Arbeiten (z.B. Schweißen, Transportarbeiten, Arbeiten an elektrischen Anlagen unter Beachtung der 5 Sicherheitsregeln) gelten in der Regel nicht als "gefährliche Arbeiten", wenn sie vom "Fachmann" mit ausreichenden Kenntnissen ausgeführt werden.
Allerdings: Werden Arbeiten unter besonderen Bedingungen durchgeführt, (z.B. Schweißen in engen Räumen, Transport sehr großer, sperriger und besonders schwerer Werkstücke, Arbeiten an unter Spannung stehenden elektrischen Anlagen) so werden auch "einfache" Arbeiten zu "gefährlichen Arbeiten".

Mit solchen Arbeiten dürfen nur die Mitarbeiter betraut werden, die hierzu durch Vorbildung, Kenntnisse, Berufserfahrung, persönliche Eigenschaften befähigt sind. Der Vorgesetzte muß geeignete Mitarbeiter aussuchen, einweisen (auch belehren) und beaufsichtigen.

§ 36 Abs. 2
Ein Mitarbeiter führt Aufsicht

Wenn zwei oder mehrere Mitarbeiter gemeinsam arbeiten, muß einer "das Sagen" haben. Deshalb muß der Vorgesetzte den richtigen Mitarbeiter auswählen und ihm die erforderlichen Kompetenzen und die Aufsichtsbefugnis über andere Mitarbeiter übertragen. Nur der Einsatz einer Aufsichtsperson bietet die Gewähr dafür, daß auch ohne persönliche Aufsicht durch den Vorgesetzten sicher gearbeitet wird.

Der Vorgesetzte, der eine Aufsichtsperson bestimmt, trägt die

- Auswahlverantwortung
  (Auswahl einer zuverlässigen, mit der Arbeit vertrauten Person)
- Organisationsverantwortung
  (ermächtigen, einweisen, Kompetenzen geben)
- Aufsichtsverantwortung
  (sich durch Stichproben davon zu überzeugen, daß der Aufsichtsführende sich auch richtig verhält).

§ 36 Abs. 3
Sicherheitsmaßnahmen für allein arbeitende Mitarbeiter

Grundsätzlich sollte eine "gefährliche Arbeit" nicht von einer Person allein ausgeführt werden. Das wird sich jedoch nicht immer vermeiden lassen. Deshalb sind vier Varianten niedergelegt, um dennoch zu erreichen, daß ein allein arbeitender Mitarbeiter weitgehend geschützt ist.

Entweder
- "Sichtweite"

oder

- "Kontrollgänge"
- "Meldesystem"
- "automatische Signalgebung"

Die Regelung ist nicht abschließend. Das Wort "insbesondere" sagt, daß der Unternehmer auch eine andere gleichwertige Regelung wählen kann.

In einer Fülle weiterer Vorschriften wird die Frage geregelt, ob und wann bei "gefährlichen Arbeiten" die Anwesenheit wenigstens einer zweiten Person zu fordern ist. Wir haben die einschlägigen Auszüge zusammengestellt:

VBG	§§
1	36, 42 und 47
2	23, 33 und 35
3	28
4	DA zu § 8 Nr. 2
7j	103
7n 5.1	9
7x	23
8	29
9	30, 33, 34, 37, 40 und 42
10	60 und 61
11a	28
12	40, 43 und 50
14	44, 46, 48 und 49
15	8, 9, 36, 39, 40 und 41a
17	36
20	28
28	32, 36 und 41
29	35
37	15, 35, 47 und 49
38a	4 und 7
39	8, 9, 18, 19, 21, 22, 23 und 32
40	35 und 47
41	13
50	4, 10, 13 und 18
61	22
62	11
70	10, 15 und 31
74	27
78	22
93	9
112	12
121	5

In den VDE-Bestimmungen, die vom "Verband Deutscher Elektrotechniker e.V." herausgegeben wurden, fanden sich weitere Vorschriften, wann Arbeiten nur mit mindestens zwei Personen ausgeführt werden dürfen:

DIN 57104/VDE 0104/10.79
(Prüfanlagen mit Spannungen über 1 KV)

Abschnitte 4.1.2.1
4.1.2.2
4.2.2.3
4.2.3.2
4.3.2

DIN 57105 Blatt 2/VDE 0105 Teil 1/5.75
(Bestimmungen für den Betrieb von Starkstromanlagen)

Abschnitte 7.3.4.1.5
9.3i
9.4f
10
10.4
10.9

VDE 0115/8.75
§§ 56 a und 56 b

VDE 0168/6.78
§ 13g

Aus der großen Anzahl von Einzelvorschriften, die nahezu ausnahmslos festlegen, bei welchen Arbeiten eine Person <u>nicht</u> allein arbeiten darf, wird deutlich, daß dem § 36 VBG 1 mehr eine grundlegende, allgemeingültige Bedeutung beizumessen ist, der durch die aufgeführten, speziell auf bestimmte Arbeitsbereiche abstellenden Unfallverhütungsvorschriften ergänzt bzw. eingeengt wird.

So ergibt sich eine Abstufung von allgemeinen zu speziellen Vorschriften:

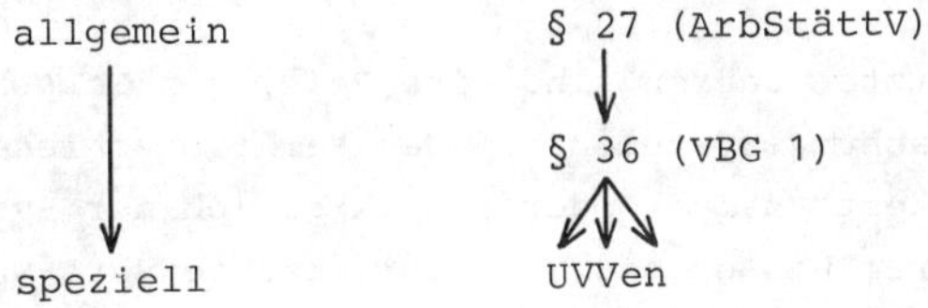

Es wird weiter unter Einbeziehung der praktischen Erfahrungen in Betrieben zu diskutieren sein, inwieweit die Vorschriften so klar gefaßt sind, daß Führungskräfte und Sicherheitsingenieure konkret damit arbeiten und in Handlungen umsetzen können.
Die Ergebnisse werden in den Abschnitten 5.4.1 und 6.5 referiert.

4. Untersuchungsansatz

Aus dem Inhalt der bestehenden Vorschriften und der Eingrenzung des zu bearbeitenden Problembereichs auf die Sicherung gefährlicher Einzelarbeitsplätze ist das Konzept dieser Arbeit abzuleiten.

In den letzten Jahren sind eine Reihe von Personen- oder Raumüberwachungssystemen auf dem Markt erschienen. Eine Brauchbarkeitsanalyse oder ein Vergleich der Systeme ist nach unserem Wissen bisher nicht durchgeführt worden. In der Literatur werden zwar einzelne Systeme vorgestellt; sie werden jedoch kaum hinsichtlich ihrer realen Einsatzmöglichkeiten überprüft. So kann und muß sich ein wesentlicher Ansatz unserer Untersuchung darauf beziehen, Systembeschreibungen und -analysen durchzuführen. Darüber hinaus erscheint es jedoch mindestens ebenso wichtig, zu erfahren, wie das Problem des "Allein-Arbeitens" in den verschiedenen betrieblichen Bereichen gesehen wird, welche Sicherheitsvorkehrungen getroffen werden und insbesondere wie die technischen Systeme von den Mitarbeitern, die damit geschützt werden sollen, angenommen werden.

Diese Ansätze sollen im folgenden kurz skizziert werden. Betrachtet man die Angebote der Firmen, die Personensicherungsanlagen anbieten, so zeigt sich eine Zunahme der Systeme erst in den letzten Jahren. Dies ist vorwiegend bedingt durch die technische Entwicklung, die erst in den letzten 10 - 15 Jahren eine Realisierung solcher Konzepte ermöglichte. Auch sind nicht allzuviele Anlagen auf dem Markt, die speziell zur Sicherung von Einzelarbeitsplätzen entwickelt wurden. Andererseits hat es - natürlich - seit jeher eine Fülle von gefährlichen Einzelarbeitsplätzen gegeben, die aufgrund bestehender Unfallverhütungsvorschriften gesichert werden mußten.

Daraus resultierte - wie wir weiter unten in breiterem Rahmen noch diskutieren werden - eine Menge von technischen "Eigenentwicklungen", z.B. eine Erweiterung einfacher Sprechfunkgeräte durch einen willensunabhängigen Alarmgeber. Für die Auswahl der von uns geprüften Geräte waren die Kriterien "automatische" und "willenunabhängige" Sicherung notwendig. Im folgenden beschränken wir uns auf die zur Prüfung zur Verfügung gestellten Personen-Überwachungsanlagen, die sich derzeit im Handel befinden. Weitere auf dem Markt vorhandene Sicherungssysteme (z.B. Tokay, Storno, Motorola, Siemens) erfüllten die vorgegebenen Auswahlkriterien nicht, weil es sich weitgehend um weiterentwickelte Sprechfunkgeräte handelt.
Wir haben die Analyse jeweils unter vier Gesichtspunkten durchgeführt:

a) Systembeschreibung
b) Technische Daten
c) Einsatzbereich
d) Blockschaltbild

Aus der Systemanalyse lassen sich möglicherweise Gesichtspunkte und Hinweise ableiten, in welchen Bereichen eine optimale Nutzung denkbar ist.

Außerdem haben wir versucht, Literatur zum Stichwort "Einzelarbeitsplätze" zusammenzustellen und zu sichten. Wir waren uns darüber im klaren, daß die Literatur zu diesem Komplex nur sehr spärlich sein würde. Dieses Faktum war immerhin mit ein wesentlicher Grund für die Bundesanstalt für Arbeitsschutz und Unfallforschung, eine die bisherigen Erfahrungen zusammenfassende Arbeit in Auftrag zu geben.
Was wir nach langem, mühsamen Suchen dann gefunden haben, wird - getrennt nach in- und ausländischer Literatur - in Kapitel 5.2 dargelegt.

Aus dem zu erwartenden wenigen Informationsmaterial und aus den oben genannten Untersuchungsfragen ergab sich das Problem, an einigermaßen zuverlässige Informationen über Art und Anzahl vorhandener Einzelarbeitsplätze zu kommen. Wir haben uns nach Auslotung und Verwerfung anderer Möglichkeiten dafür entschieden, einen Fragebogen zu entwerfen und uns direkt an die Betriebe zu wenden.
Dabei gingen wir das Risiko ein, nur unvollständiges Material anbieten zu können, weil in der Regel die Rücksendungsquote bei Fragebogenaktionen gering ist. Der Vorteil dieser Vorgehensweise lag darin, aus der Analyse der Fragebogenergebnisse geeignete Ansprechpartner für ein halbstandardisiertes Interview zu gewinnen, um "vor Ort" Informationen sammeln zu können, wie in konkreten Fällen Einzelarbeitsplätze definiert, wie sie gesichert werden und welche Erfahrungen mit den Sicherungssystemen gemacht wurden.
Uns interessierten Unfälle an Einzelarbeitsplätzen und der Ablauf der Hilfeleistung im einzelnen.
Wichtig war darüber hinaus, eine Antwort auf die Frage der Akzeptanz bestimmter Sicherungssysteme durch die Betroffenen selbst, aber auch durch die verantwortlichen Sicherheitskräfte und die Geschäftsführungen, zu finden.

Unser ursprüngliches Vorhaben, eine möglichst komplette Bestandsaufnahme des derzeitigen "Ist-Zustandes" vorhandener Einzelarbeitsplätze in der BRD zu machen und eine verläßliche Unfallstatistik zu erheben, mußte aus verschiedenen Gründen wieder fallen gelassen werden.

Wir entschieden uns aus Kosten- und Zeitgründen, die Erhebungen auf das Gebiet des Landes Nordrhein-Westfalen zu beschränken und nur Betrieben mit mehr als 500 Mitarbeitern den Fragebogen zuzusenden. Durch diese Eingrenzung auf Mittel- und Großbetriebe erhofften wir uns einerseits ein breitgefächertes Informationsangebot, andererseits war die Anzahl der angeschriebenen Betriebe noch groß genug, um ein Mindestmaß an brauchbarem statistischem Material zu erhalten.

Völlig ausgespart blieb der gesamte Bereich des Bergbaus, weil er eigene Sicherheitsbestimmungen hat. Auch staatliche Institutionen - wie etwa Bundesbahn, Bundespost oder Bundeswehr - konnten keine Berücksichtigung finden, obwohl es in diesen Bereichen sicher eine Vielzahl von Einzelarbeitsplätzen gibt. Auch hier existieren unseres Wissens eigene spezifische Sicherheitsbestimmungen.

Unter diesen Voraussetzungen stellen wir in den folgenden Kapiteln die Ergebnisse unserer Analyse und Befragungen vor.

5. Ergebnisse

5.1 Vorstellung der Systeme

5.1.1 Beschreibung der Einzelarbeitsplatz-Überwachungsanlage EAÜ der Firma Kiepe Elektrik (System A)

a) Systembeschreibung

DieEinzelarbeitsplatz-Überwachungseinrichtung EAÜ der Firma Kiepe Elektrik ist eine Anlage, die Einzelpersonen in gefährdeten Arbeitsbereichen sichert.
Im Gegensatz zu den Funksicherungsanlagen, die stets personenbezogen arbeiten, wird die EAÜ fest an einen gefährlichen Arbeitsplatz angebracht.
Die Überwachung geschieht dann durch periodisches Betätigen eines Tasters (Quittierungsüberwachung) oder kontaktlos über einen Infrarotsensor, der auf den zu überwachenden Raum ausgerichtet wird und auf Bewegungen wärmestrahlender Körper reagiert.
Die Anlage besteht aus einem Zentralgerät, in das ein akustischer Melder installiert ist, den Signalgeber (Infrarotsensor oder Quittierungstaste), einer Signalleuchte und einem akustischen Signalgeber. Diese Komponenten werden bei Stromausfall durch eine in der Zentrale eingebaute Batterie versorgt.
Die einfachste Ausbaustufe des Systems beinhaltet die Zentrale, einen externen akustischen Alarmgeber und einen drahtgebundenen Signalgeber mit Quittiertaste.
Befindet sich die zu überwachende Person in dem gefährdeten Gebiet (Raum oder Maschinenbereich), wird die Anlage aktiviert. Dies kann über Türkontakte oder in Verbindung mit der Einschaltvorrichtung der Maschine geschehen. Ist die Anlage aktiviert, muß die Quittiertaste innerhalb eines vorher eingestellten Zyklus betätigt werden. Dieser Zyklus ist von 3 bis 30 Minuten durch ein eingebautes Potentiometer einstellbar.
Wird innerhalb dieser Zeit nicht quittiert, ertönt ein Vorwarnsignal. Unterbleibt die Quittierung noch immer, erfolgt nach max. 1 Minute Alarm. Der Alarm kann nur mit der Quittiertaste an der Zentraleinheit gelöscht werden.

Nach 6 bis 60 Minuten (abhängig von der Zykluszeit) schaltet sich der Alarm automatisch ab.
Will die überwachte Person den Arbeitsplatz verlassen, kann der Quittierzyklus durch Betätigen der Pausentaste unterbrochen werden. Um die Person darauf aufmerksam zu machen, wird dann das Summersignal für ca. 20 Sekunden aktiviert.
Um das System komfortabler zu machen, kann anstelle der Quittiertaste ein Infrarot-Bewegungsmelder angeschlossen werden. Die externe Quittierung erfolgt hierbei automatisch durch Bewegungen der zu überwachenden Person innerhalb des Überwachungsbereiches der infrarot-empfindlichen Zonen. Der Quittierungszyklus soll auf den kleinsten Wert eingestellt werden (3 Minuten),so daß im Notfall schnellstens Alarm gegeben wird.
Soll der Raum verlassen werden, muß die Pausentaste betätigt werden. Dabei ertönt für 20 Sekunden ein Signal. In dieser Zeit kann die überwachte Person den Raum verlassen und die Zentrale geht in die Pausenfunktion. Wird der Raum in dieser Zeit nicht verlassen, erfolgt erneut die normale Überwachung. Bei Wiedereintritt in den überwachten Bereich wird der Quittierungszyklus automatisch wieder gestartet und alle Bewegungen werden als Quittierung registriert.
Zusätzlich zu den unwillentlichen Alarmen verfügt die Zentrale über eine Direktalarmmöglichkeit.
Die Überwachungsanlage ist so aufgebaut, daß bei Leitungsbruch Alarm ausgelöst wird. Auch das ständige Blockieren der Quittierungstaste aktiviert nach einiger Zeit den Hauptalarm. Dieser kann über einen galvanisch getrennten Relaiskontakt an externe Stellen weitergegeben werden.

b) Technische Daten

1 Zentraleinheit:

Leistungsaufnahme max. 20 W
Batteriebestückung 8 Babyzellen 5,5 Ah
Temperaturbereich -10 bis + 40°C
Ausgangsrelais (Wechsler) für Voralarm und Alarm
Schutzart IP 43
eingebauter Summer für Voralarm und Alarm
Gewicht ca. 3 kg
ausrüstbar mit max. 3 parallelen Bewegungssensoren

2 Bewegungsmelder:

Überwachungsbereich 10 m
11 infrarot-empfindliche Zonen im Fernbereich
4 infrarot-empfindliche Zonen im mittleren Bereich
3 infrarot-empfindliche Zonen im Nahbereich

c) Einsatzbereich

Das EAÜ-Gerät der Firma KiepeElektrik ist an allen gefährlichen Arbeitsplätzen einzusetzen, die ortsfest sind und bei denen die zu überwachende Person während des Arbeitsablaufes den Quittierungstaster betätigen kann.
Falls der Infrarot-Sensor eingesetzt wird, kann in einem vorgegebenen Umfeld (Werkstatt) eine Person auf Bewegungsstillstand überwacht werden.

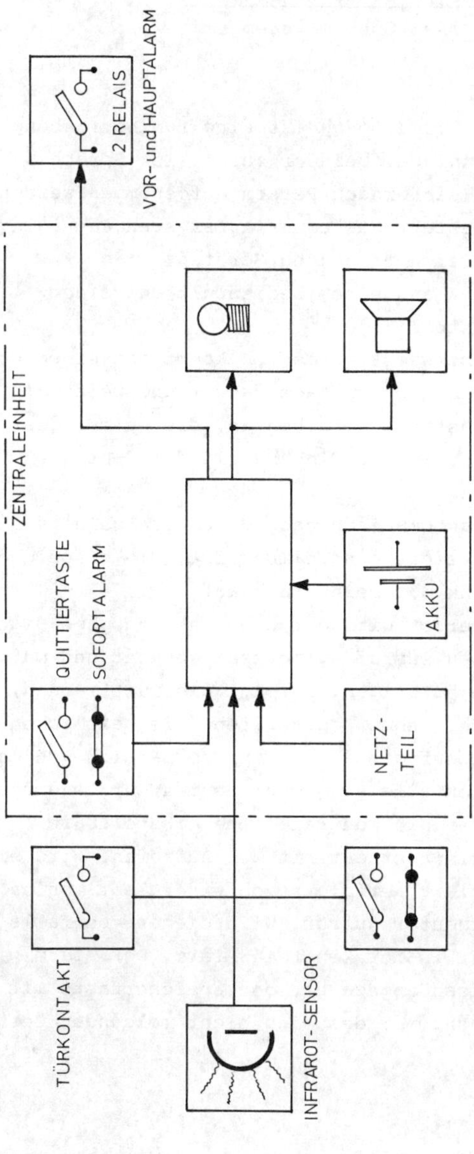

BLOCKSCHALTBILD
KIEPE EAÜ

5.1.2 <u>Personen- und Objektsicherungs-System POS der Firma Bosch GmbH</u> (System B)

a) Systembeschreibung

Das POS-System der Firma Bosch ist eine funkbetriebene Personensicherungsanlage, bei der zusätzlich Sprachkontakt mit der zu sichernden Person aufgenommen werden kann. Das System besteht aus einer ortsfesten Funkanlage und einem oder mehreren tragbaren Geräten.
Die Zentrale besteht aus einem Bedienpult und einem Sende- und Empfangsteil.
Soll eine Person überwacht werden, bekommt sie eines der tragbaren Funkgeräte aus dem Ladeadapter und weist die für die Zentrale zuständige Person an, die Nummer des entnommenen Gerätes in das Eingabefeld der Zentrale einzugeben.
Die Zentrale ruft automatisch nach einem festgelegten Zyklus, dessen Wartezeit einstellbar ist, die gespeicherten Geräte über Funk der Reihe nach auf.
Die zu sichernde Person wird durch ein akustisches Signal am Funkgerät auf den Aufruf aufmerksam gemacht und muß eine Quittiertaste betätigen. Erfolgt die Quittierung, wird der nächste Teilnehmer aufgerufen. Die zeitlichen Abstände der Geräteaufrufe liegen in dem Bereich von ca. 10 Sekunden. Nachdem alle eingespeicherten Geräte aufgerufen wurden, wartet die Zentrale eine einstellbare Pausenzeit und beginnt erneut mit den Aufrufen. Wird ein Aufruf nicht quittiert, erfolgt nach einer Zeit von ca. 10 Sekunden ein erneuter Aufruf. Wird dieser ebenfalls übergangen, erfolgt in der Zentrale Alarm. Der Alarm wird akustisch und optisch angezeigt, die Speichertaste mit der Identifikationsnummer des sich nicht meldenden Gerätes blinkt.

Die Person in der Zentrale kann sich nun über Sprechkontakt selektiv mit der zu überwachenden Person verständigen oder über Funk alle anderen sich in der Nähe befindenden, mit einem Funksicherungsgerät ausgerüsteten Personen, alarmieren.
Für den Fall, daß die Zeit bis zum nächsten Aufruf zu lang dauert und man sich vergewissern möchte, ob die zu sichernden Personen noch ansprechbereit sind, kann durch Betätigen eines Tasters der sofortige Beginn des Quittierungszyklus herbeigeführt werden.
Jeder Teilnehmer kann zusätzlich zu den Quittierungszyklen einen Direktalarm auslösen. Dies geschieht durch Betätigen der Notruftaste und löst in der Zentrale einen akustischen und optischen Alarm aus. Zusätzlich wird in der Zentrale die Identifikationsnummer des Gerätes angezeigt.
Um die Wartezeit zwischen den Aufrufen bei Handlungsunfähigkeit der zu sichernden Person abzukürzen, kann an die tragbaren Funkgeräte ein lageabhängiger Schalter angebracht werden, der bei einem Winkel von mehr als 60° nach 5 Sekunden den Notruf auslöst.

Zusätzlich zu den Überwachungsaufgaben kann in der Aufrufpause normaler Funkverkehr betrieben werden (Simplexbetrieb).

b) Technische Daten

1 Ortsfeste Funkanlage POS:

ausbaubar bis zu 100 Teilnehmern,
einkanaliges Wechselsprechfunkgerät,
Batteriestromversorgung mit 24 V,
Frequenzbereich 80, 160 oder 450 MHz.

2 Handsprechfunkgeräte HFG-POS:

5-Ton-Kennungsgeber und Auswerter,
Notrufgeber,
lageabhängiger Schalter,
Quittungsgeber.

3 Zubehör:

Kraftfahrzeugsprechfunkgeräte (ohne lageabhängigen Schalter),
Tragetasche für Handsprechfunkgerät.

c) Einsatzbereich

Mit der POS-Anlage der Firma Bosch können Personen gesichert werden, die an einsamen gefährlichen Plätzen arbeiten und dabei Zeit finden, den Aufruf periodisch zu betätigen.
Nimmt die Person dabei noch aufrechte Haltung ein, kann zusätzlich der lageabhängige Schalter benutzt werden.

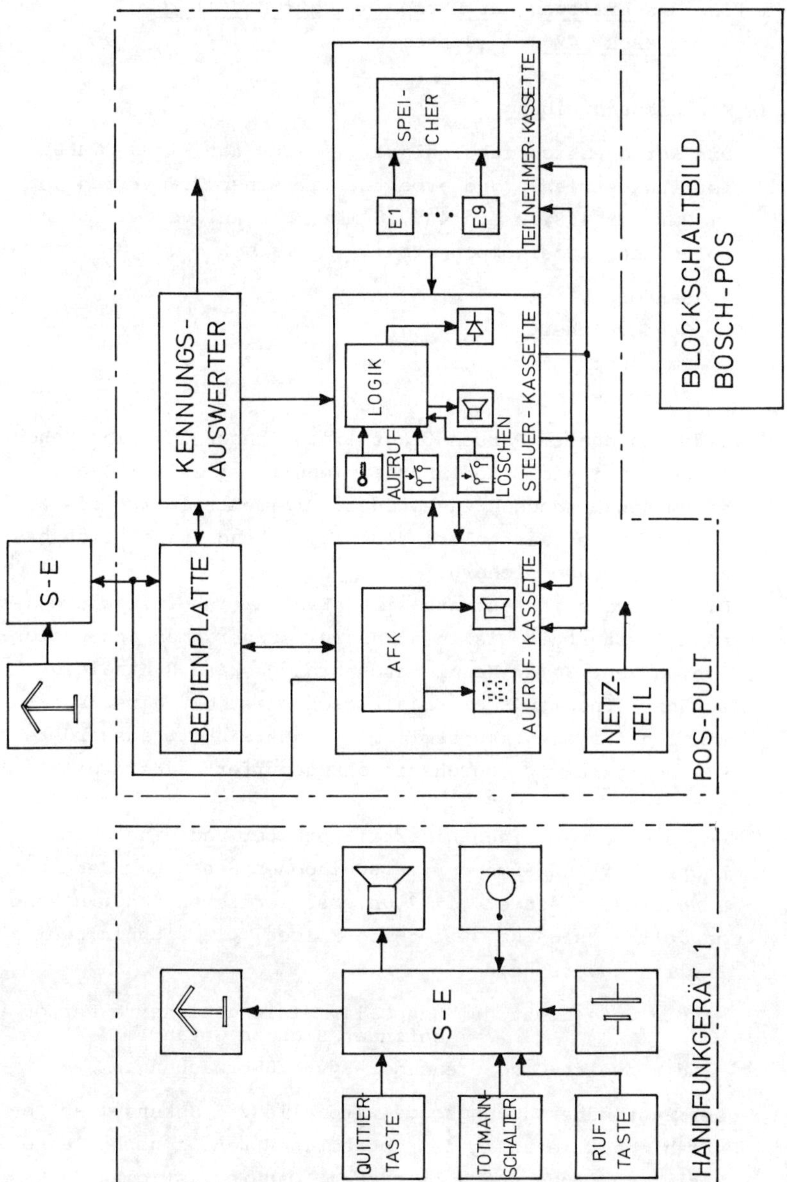
BLOCKSCHALTBILD
BOSCH-POS
S-E
BEDIENPLATTE
KENNUNGS-
AUSWERTER
AFK
AUFRUF-KASSETTE
LOGIK
AUFRUF
LÖSCHEN
STEUER-KASSETTE
SPEI-
CHER
E1
E9
TEILNEHMER-KASSETTE
NETZ-
TEIL
POS-PULT
S-E
QUITTIER
TASTE
TOTMANN
SCHALTER
RUF-
TASTE
HANDFUNKGERÄT 1

5.1.3 Beschreibung der Personensicherungsanlage COMPUR 4200 (System C)

a) Systembeschreibung

Die Personensicherungsanlage Typ 4200 der Firma COMPUR ist funkbetrieben und arbeitet mit einer Trägerfrequenz im Bereich 468,32 bis 469,18 MHz. Die Anlage besteht aus folgenden Einzelkomponenten:

- Sensor,
- Sendereinheit,
- Empfänger mit Antenne,
- Zentrale.

Jede gesicherte Person trägt einen Sensor und eine Sendereinheit bei sich. Jede Sendereinheit ist in der Zentrale einem Kanaleinschub zugeordnet. Die Zentrale ist bis zu 30 Einschüben ausbaubar, dementsprechend lassen sich bis zu 30 Personen sichern.
Die Zentrale besteht aus einer Zentraleinheit, an die je nach Ausbaustufe bis zu 5 Kanaleinschubrahmen angeschlossen werden. Jeder Kanaleinschubrahmen kann 6 Kanaleinschübe aufnehmen. Der Kanaleinschub ist mit einer Ladestation für die akkubetriebene Sendereinheit ausgerüstet. Die Zentrale wird durch ein akkugepuffertes Netzteil gespeist.
Der Sender hat einen Direktalarmtaster und eine Tuchelbuchse zur Aufnahme der verschiedenen Sensoren. Jede Sendeeinheit sendet mit 2 unterschiedlichen Codes.Hierbei handelt es sich um zwei 5-Ton-Folgen, die sich in zwei Stellen unterscheiden:

- ein Code dient dem Hauptalarm (die gesicherte Person befindet sich in Gefahr)
- der zweite Code dient der Systemüberwachung.

Der Systemüberwachungscode wird alle 256 Sekunden ausgestrahlt und setzt in dem zugehörigen Kanaleinschub eine Zählerschaltung auf Null zurück. Dadurch ist eine laufende Rückmeldung der mobilen Sendereinheit zur

Zentrale gegeben, sodaß die Sender- und Empfangseinheit noch funktionstüchtig sind.
Bleibt der Code für mehr als 8,5 Minuten aus, wird in der Zentrale Alarm gegeben. Die dadurch aktivierte optische und akustische Anzeige unterscheidet sich deutlich von der des Hauptalarms. Dieser wird durch den erfolgten Systemalarm nicht beeinträchtigt. Der Systemalarm erfolgt z.B. bei Disconnektion des Sensors.
Bevor der Systemalarm jedoch von der Zentrale ausgelöst wird, gibt der Sender ein akustisches Vorwarnsignal ab und mahnt den Benutzer.
Bei Unterschreitung der Akkuspannung des Senders von ca. 10 V gibt die Sendeeinheit ein akustisches Warnsignal ab.
Ebenso wird der Akku der Zentrale überwacht.
Bei genügend großem Kapazitätsverlust blinkt eine Bereitschaftsleuchte, die mit einer grünen Abdeckung versehen ist. Die Sensoren unterscheiden sich in Bewegungssensoren und statische Sensoren.

Bewegungssensoren:

1 Uhrensensor, wird als Led-Uhr am Arm getragen.
2 Schrittsensor, wird im Hosenbein getragen.
3 Bewegungssensor, wird auf den Sender gesteckt.
4 Lagenabhängiger Sensor.

Statische Sensoren:

1 Gassensor, ex-geschützt für Schwefelwasserstoff, Blausäure, Stickstoffdioxyd, Phosgen, Methan.
2 Rauchmeldesensor.

Die Überwachung der zu sichernden Person geschieht folgendermaßen:
Die zu sichernde Person nimmt den Signalgeber aus der Zentrale und schließt einen der möglichen Sensoren an.
Kommt es dann bei dem Bewegungssensor zu einem Stillstand, der länger als die eingestellte Voralarmzeit (8 bis 64 Sekunden) dauert, ertönt ein akustischer Voralarm.
Bewegt sich daraufhin die zu sichernde Person, wird der Voralarm gelöscht.

Trifft kein Bewegungsimpuls ein, wird nach einer Voralarmdauer von 8 Sekunden der Hauptalarm ausgelöst. Der Gassensor spricht bei einer Gaskonzentration an, die die jeweils zulässigen MAK-Werte übersteigen. Wird diese Schwelle länger als 8 Sekunden überschritten, erfolgt der Voralarm. Dieser dauert 16 Sekunden. Verläßt die gefährdete Person den Ort dieser Gaskonzentration nicht innerhalb der 16 Sekunden, wird der Hauptalarm ausgelöst.

Zusätzlich zu den willensunabhängigen Alarmgebern ist es möglich, den Alarm durch Betätigung eines Tasters am Sender direkt zu aktivieren. Dabei wird der Hauptalarm im Sender gespeichert und solange gesendet, bis dieser zurück in den Ladeschacht der Zentrale geschoben wird. Die Zentrale erfaßt den Hauptalarm, der in dem zugehörigen Kanaleinschub optisch und von der Zentrale optisch und akustisch angezeigt wird. Auch der Sender gibt bei Hauptalarm ein akustisches Signal ab, das das Auffinden des Verunfallten erleichtert. Der akustische Alarm des Senders kann durch Abschrauben der Sensorverbindung gelöscht werden. Um den Alarm an der Zentrale zu löschen ist es notwendig, den Sender in den Ladeschacht zu schieben.

b) Technische Daten

1 Empfänger und Antenne:

"Groundplane-Antenne", Fa. Kathrein, Typ K 751121
Empfänger mit spritzwasserdichtem Gehäuse, Wand- oder Mastmontage in Antennennähe.

2 Zentrale:

Prüftaste zur Funktionsprüfung
Schlüsselschalter zur Alarmschaltung intern/extern
12 V-Akku-Packet für 4 Stunden Netzausfalldauer; dabei werden die Sender nicht geladen.

Ausbaubar bis zu 30 Einschubmelderelais für Alarmweiterleitung.

3 Sender:

Frequenzbereich:	468,32 bis 469,18 MHz
Bandbreite:	± 7 kHz
Nennleistung:	1 W
Antenne:	Miniflex
Ex-Schutz:	(Sch) I, (Ex) I, S G5
Akku:	Akkublock, 12 V 220 mAh, mit Strombegrenzung bei Ex-Ausführung
Einschaltung:	durch Entnahme aus der Zentrale
Ausschaltung:	durch Einstecken in den Schacht der Zentrale
Testtaste:	bei Drücken ertönt das Voralarmsignal
Sofortalarm:	wird bei Betätigung der Sofortalarmtaste ausgelöst
Schallgeber:	mit 2 Tönen für Voralarm und Hauptalarm
Ohrhörer:	als Zusatz für Personen mit Gehörschutz
Tuchelbuchse:	am Sender, 12polig, dient: - als Steckverbindung zur Zentrale, - zum Abschalten eines Alarms, - zum Anschluß der Sensoren.

4 Zubehör:

Senderleergehäuse zum Laden der Akkus während der Entnahmezeit des Senders,
Totmanntaste,
Sofortalarmfernbedienung,
Objektschutzsensor,
Gasgenerator zur Funktionsprüfung des Gassensors,
Lederkoffer zum Umhängen des Senders.

c) Einsatzbereich

Die Funk-Personen-Sicherungsanlage COMPUR 4200 kann überall dort eingesetzt werden, wo Personen an einsamen und gefährlichen Arbeitsplätzen bewegungsintensive Tätigkeiten ausführen oder eine aufrechte Haltung annehmen und beibehalten.
Außerdem ist es durch Gassensoren möglich, Personen in Gebieten mit hohen, zu erwartenden MAK-Werten zu sichern.

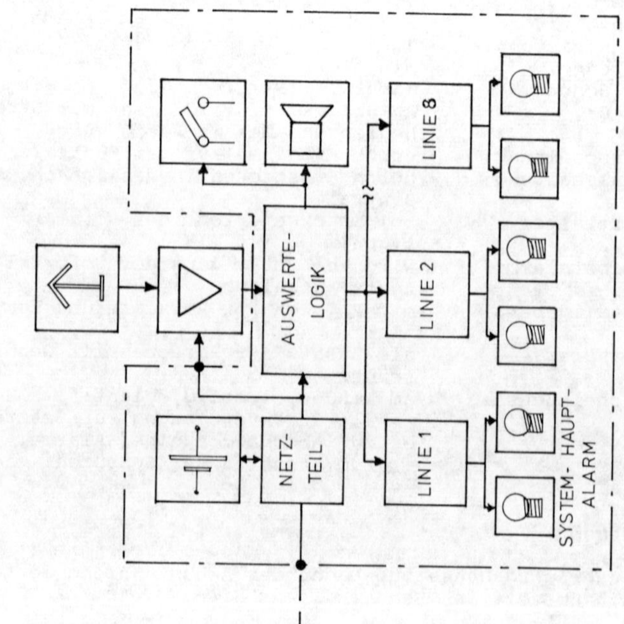

BLOCKSCHALTBILD
COMPUR 4200

5.1.4 Systembeschreibung des Notrufmeldesystems NMS 2000 der Firma AEG-Telefunken (System D)

a) Systembeschreibung

Das Notrufmeldesystem NMS 2000 der Firma AEG-Telefunken ist eine drahtgebundene Personensicherungsanlage. Die Funktionsweise besteht darin, daß eine zu überwachende Person oder ein überwachter Arbeitsplatz periodisch Bestätigungsmeldungen an die Zentrale übermitteln muß. Fehlen diese Impulse, wird akustischer- und optischer Alarm an der Zentrale ausgelöst.

Das System NMS 2000 besteht aus folgenden Einzelkomponenten:

- Zentralgerät für 1 Überwachungskreis (nicht ausbaufähig),
- Zentralgerät für 1 bis 6 Überwachungskreise,
- Erweiterungsgerät für 1 bis 8 Überwachungskreise,
- Steckplatte "Einzelmeldung" für jeden Überwachungskreis erforderlich,
- Signalgeber für jeden Überwachungskreis erforderlich.

Ein Überwachungskreis umfaßt den Signalgeber, die Niederspannungszwillingsleitung zur Zentrale und die Steckplatte "Einzelmeldung".
Der Signalgeber und die Einzelmeldungs-Steckplatte weisen je einen Zeitgeber auf, die von 5 bis 60 Minuten einstellbar sind.
Beim Einschaltvorgang und danach bei jedem Bestätigungssignal werden beide Zeitgeber zurückgestellt und synchronisiert. Nach Ablauf der eingestellten Zeitdauer am Signalgeber ertönt im Signalgeber ein akustisches Signal. Gleichzeitig werden die Bereitschaftsleuchte (grün) des Signalgebers ausgeschaltet und die Alarmleuchte (rot) eingeschaltet.

Um ein ungestörtes Arbeiten zu gewährleisten, muß der Zeitgeber des Einzelmeldungsschubes etwas höher eingestellt werden als der des Signalgebers, da dieser nach Ablauf der Zeit und nicht erfolgter Quittierung den Alarm auslöst. Der Zeitgeber des Signalgebers dient lediglich dazu, den Benutzer auf die Quittierung aufmerksam zu machen.
Wird die Betätigungstaste dauernd gedrückt (T> = 5 Sek.), erfolgt Sofortalarm.
Auch bei Leitungsbruch und Nichtanschluß des Signalgebers erscheint nach 5 Sekunden Einzel- und Sammelmeldung. Um die Meldung weiterzuleiten, steht an dem Zentralgerät ein potentialfreier Kontakt zur Verfügung. Die Zentrale kann mit Hilfe von Erweiterungsgeräten bis auf 86 Überwachungskreise ausgebaut werden.

b) Technische Daten

1 Zentralgerät:

optische und akustische Alarmanzeige
potentialfreier Meldekontakt

optische Erkennung des alarmgebenden Überwachungsstromkreises

Zeitvorgabe 5 bis 60 Minuten
ausbaubar bis 86 Überwachungskreise

2 Signalgeber:

Einspeisung 18 V, 30 mA vom Ausgang des Zentralgerätes, Zuleitung bis max. 50 Ohm < >700 m Zwillingsleitung,
akustischer Melder
optischer Melder (Leuchtdioden)
Zeitvorgabe 5 bis 60 Minuten

3 Zubehör:

Zusatzeinrichtung mit Signalumformer zur Raumüberwachung

c) Einsatzbereich

Mit der Personensicherungsanlage NMS 2000 können alle Arbeitsplätze überwacht werden, die ortsfest sind und bei denen die zu überwachende Person Zeit findet, die Quittierungstaste periodisch zu betätigen.

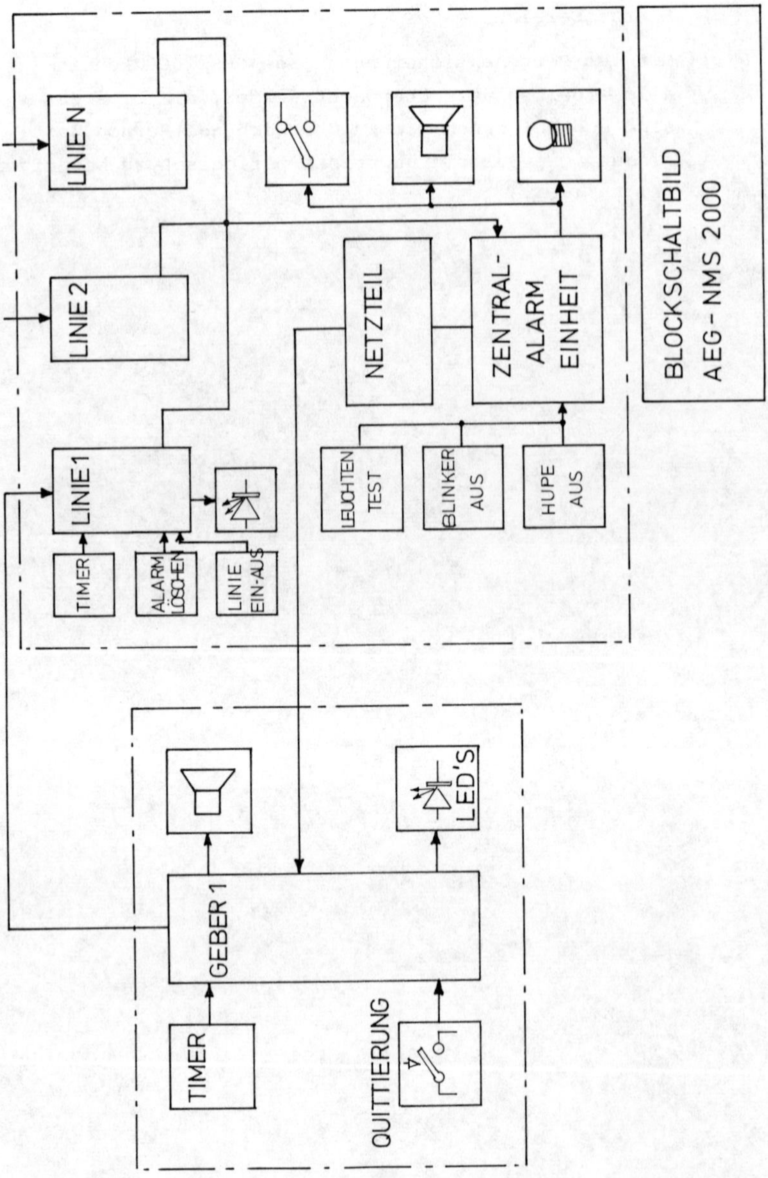
LINIE N
LINIE 2
LINIE 1
TIMER
ALARM LÖSCHEN
LINIE EIN-AUS
NETZTEIL
ZENTRAL-ALARM EINHEIT
LEUCHTEN TEST
BLINKER AUS
HUPE AUS
TIMER
GEBER 1
LED'S
QUITTIERUNG
BLOCKSCHALTBILD
AEG-NMS 2000

5.1.5 Beschreibung der Funk-Personen-Sicherungsanlage TL 700 der Firma Grotjahn (System E)

a) Systembeschreibung

Die Funk-Personen-Sicherungsanlage TL 700 der Firma Grotjahn dient zur Sicherung von Personen an einsamen und gefährlichen Arbeitsplätzen.

Die Anlage besteht aus der Zentrale mit einer Ausbaumöglichkeit bis zu 59 Personensicherungen, dem Empfänger, der Antenne und den Signalgebern.

Jede zu sichernde Person trägt einen Signalgeber, der bei Gefahrensituationen über Funk den Alarm in der Zentrale auslöst.

Der Signalgeber ist mit einer willensabhängigen Alarmauslösung (Drucktaste) und drei willensunabhängigen Alarmauslösungen (Lage-, Bewegungs- und Zeitalarm) ausgerüstet. Diese können nach der Einsatzspezifikation zusammen oder allein in dem Geber aktiviert werden.

Der Sofortalarm (Drucktaste) bewirkt nach einer einstellbaren Verzögerungszeit die Aktivierung des Hauptalarms in der Zentrale. Gleichzeitig ertönt der Alarm an dem Signalgeber.

Der Zeitalarm mahnt den Benutzer in Zeitintervallen, die von 0 bis 20 Minuten einstellbar sind, mit einer akustischen Vorwarnung zur Quittierung den Drucktaster zu betätigen. Bleibt die Quittierung aus, wird der Hauptalarm ausgelöst.

Bei dem Lagealarm handelt es sich um einen Sensor, der im Falle der Überschreitung des Neigewinkels von der vertikalen Linie nach 14 Sekunden den Voralarm auslöst. Wird der Voralarm quittiert, kann der Benutzer für die Dauer von 50 Sekunden weiter in der geneigten Lage verweilen, ohne daß ein Hauptalarm auftritt. Danach tritt erneut ein Voralarm auf, der wieder quittiert werden muß. Geschieht das nicht, erfolgt nach 12 Sekunden der Hauptalarm.

Bei dem Bewegungsalarm wird die Körperbewegung der zu sichernden Person überwacht.
Ein Bewegungsstillstand wird als kritische Lage ausgewertet, wenn dieser Zustand länger als 40 Sekunden besteht. Dann wird ein Voralarm ausgelöst, der durch die Quittierung gelöscht werden kann. Wird der Voralarm nicht gelöscht, erfolgt nach 12 Sekunden Hauptalarm.
Die Funktionsweise der Anlage besteht darin, daß der Signalgeber periodisch Impulse an die Zentrale sendet, die dort ausgewertet werden und einen Zähler zurücksetzen. Tritt ein Alarm auf, sendet der Geber seinen Impuls, der in der Zentrale ausgewertet wird und die Alarmstufe 1 auslöst.
Um zu zeigen, daß der Alarm erkannt wurde, muß die in der Zentrale anwesende Person den Alarm an der Zentrale quittieren. Danach kann diese Person sich auf den Weg zu dem Verunfallten machen. Wird die Quittierung in der Zentrale nicht gegeben, erfolgt nach einer Zeitspanne die Alarmstufe 2.
Der Geber sendet in der Zwischenzeit ein akustisches Signal aus, um das Auffinden des Verletzten zu erleichtern. Kommt die zur Hilfe eilende Person nicht innerhalb einer bestimmten Frist zur Zentrale zurück und setzt den Alarm zurück, wird die Alarmstufe 3 ausgelöst.
Die Zentrale besitzt potentialfreie Kontakte, mit denen der Alarm weitergeleitet werden kann.
Um den Alarm abzuschalten,ist es notwendig, den Stromkreis des Gebers kurz abzuschalten, um den gespeicherten Alarm zu löschen. Geschieht das nicht, wird der Alarm an der Zentrale erneut ausgelöst.
Bleiben die Impulse des Gebers aus,weil die Batterie zu sehr entladen ist oder die Senderreichweite überschritten ist, wird der Zähler in der Zentrale nicht mehr zurückgesetzt und ein technischer Alarm, der selektiv für den Geber angezeigt wird, erfolgt.
Setzt der Empfänger dagegen aus, fehlen ebenfalls die Impulse und alle Linien melden den technischen Alarm.

b) Technische Daten

1 Geber:

PC modulierter FM-Sender
25 Milliwatt Sendeleistung
Frequenzbereich 149,41 - 169,53 MHz
akustischer Voralarm und Alarm
Schutzart EEX IB IIC T 6
Gewicht 310 g

2 Empfänger:

Betriebsfrequenzen 149,41 - 169,53 MHz
1 Kanal
Sperrtopf oder Haftantenne

3 Zentrale:

ausbaubar bis 59 Linien
Notstromversorgung über Bleiakku
Potentialfreie Kontakte zur Signalweiterleitung für jede Linie
akustische und optische Alarmanzeige
Ladestation für nicht im Einsatz befindliche Geber

4 Zubehör:

Telefon-Zusatzgerät zur Signalerweiterung über das Telefonnetz

Zusatzladestation für die Signalgeber-Ladeadapter für 9 V-Akku

c) Einsatzbereich

Die Funk-Personen-Sicherungsanlage TL 700 ist geeignet, Einzelpersonen an einsamen und gefährlichen Plätzen zu sichern.
Durch die verschiedenen Sensoren wird dabei die Möglichkeit geschaffen, den Sender gezielt auf die Tätigkeit dieser Personen abzustimmen. So ist es z.B. denkbar, einen Wachmann mit einem Totmannschalter auszurüsten, während ein Arbeiter, der weitgehend Handarbeiten ausführt, einen Bewegungssensor einsetzt.

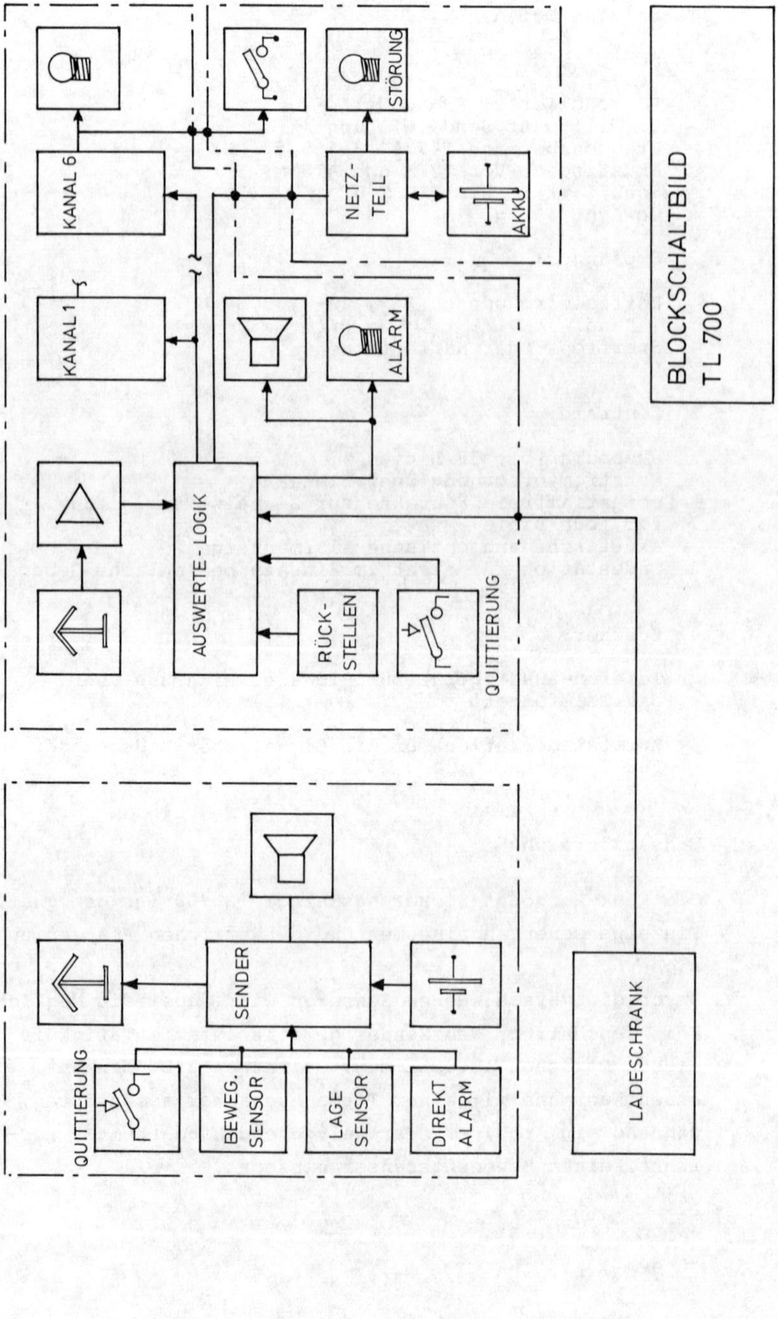
KANAL 6
KANAL 1
STÖRUNG
NETZ-TEIL
AKKU
ALARM
AUSWERTE-LOGIK
RÜCK-STELLEN
QUITTIERUNG
SENDER
QUITTIERUNG
BEWEG. SENSOR
LAGE SENSOR
DIREKT ALARM
LADESCHRANK
BLOCKSCHALTBILD
TL 700

5.2 Literaturanalyse

5.2.1 Literatur BRD

Die Suche nach Literaturhinweisen erwies sich als ein wenig erfolgreiches Unterfangen. Wir konnten für den Bereich der BRD ganze sieben Artikel entdecken, wobei in fünf Fällen lediglich einige jeweils auf den Markt gekommene technische Sicherungssysteme vorgestellt wurden.
Die erste aufgefundene Veröffentlichung (LEUCHTER, H., 1972) gibt einen Bericht über ".... eine neue entwickelte Alarmanlage, durch die allein arbeitende Personen zwecks schneller Hilfeleistung in Notfällen überwacht werden können."
Dabei wurde ein erstes System der Firma Grotjahn vorgestellt.
In einem weiteren Aufsatz (LEUCHTER, H., 1975) wurde eine Weiterentwicklung des Systems der oben genannten Firma beschrieben, nach der neben dem vorhandenen automatischen Alarm auch eine ".... sich selbst überwachende Prüfung über die ständige Einsatzbereitschaft der Geräte in ihren Funktionen ....." installiert wurde.
Eine "dritte Generation", d.h. die momentan auf dem Markt befindliche und auch weiter oben von uns analysierte Version wird dann im Januar 1982 in der Zeitschrift "Sichere Chemiearbeit" veröffentlicht.

In einer anderen Arbeit von ALKE wird ein System der Firma AEG-Telefunken vorgestellt.
Lediglich zwei Artikel (in: Sicherheitsingenieur 3/74 und 11/74) gehen näher auf die grundsätzliche Problematik des "Allein-Arbeitens" ein. Sie nehmen Bezug auf eine Stellungnahme des Gewerbeaufsichtsamtes Düren (veröffentlicht im Jahresbericht 1971 der Gewerbeaufsicht NRW).
In der Stellungnahme werden grundsätzliche Überlegungen zum "Allein-Arbeiten" angestellt, nach denen folgende Tätigkeiten als zulässig angesehen werden: (Zitat aus: Sicherheitsingenieur 3/74)

a. Durchführung von Überwachungs- und Kontrollfunktionen außer in bestimmten, besonders gefährlichen Bereichen,

b. Wächtertätigkeiten,

c. Büro- und Verwaltungstätigkeiten,

d. allen anderen Tätigkeiten, für die seit langem eine Arbeitsanweisung besteht und die routinemäßig durchgeführt werden und bei denen erfahrungsgemäß keine besondere Gefährdung besteht.

"Allein-Arbeiten" wird nicht als zulässig angesehen,wenn:

a. Material verwendet und verarbeitet wird, welches große Energie enthält,

b. mit giftigen Gasen, Flüssigkeiten und Stoffen umgegangen wird,

c. an Hochdruckanlagen gearbeitet wird,

d. extreme Kälteversuche gemacht werden müssen,

e. an laufenden Maschinen und Einrichtungen gearbeitet werden muß,

f. an elektrischen Anlagen gearbeitet werden soll,

g. Kraftfahrzeuge mit längeren Fahrten geführt werden müssen,

h. brennbare Flüssigkeiten transportiert oder umgefüllt werden sollen,

i. "Nichtroutine-Arbeiten" durchgeführt werden müssen.

Alle Arbeitnehmer, die "allein-arbeiten", sollten in bestimmten Zeitabständen durch eine andere Person (Führungskräfte, Feuerwehr, Werkschutz) überwacht werden. Die Zeit zwischen zwei Überwachungen sollte sich nach der Gefährdung bei der Arbeit richten. Statt persönlicher Überwachung können auch die nachfolgenden Möglichkeiten angewandt werden:

a. Telefonkontrolle halbstündlich oder stündlich mit einem Vorgesetzten, einer bestimmten Zentralstelle oder der Feuerwache,

b. Überwachungen durch Fernsehanlagen,

c. Überwachung durch Gegensprechanlagen.

Zu diesen Überlegungen wurden Expertenmeinungen verschiedener Richtungen eingeholt.
Von Bedeutung erscheint dabei der Hinweis von HÄNDEL auf die Sorgfaltspflichten des Unternehmers.
Nach § 120 a GewO sind die Unternehmer verpflichtet, die Arbeitsräume, Betriebsvorrichtungen, Maschinen und Gerätschaften so einzurichten und zu unterhalten und den Betrieb so zu regeln, daß die Arbeiter gegen Gefahren für Leben und Gesundheit soweit geschützt sind, wie es die Natur des Betriebes gestattet.
Die Frage welche Befugnisse die Gewerbeaufsichtsämter hinsichtlich der Sicherheitsvorschriften für die Tätigkeit am Einzelarbeitsplatz haben, beantwortet HÄNDEL so, daß allgemeinverbindliche Vorschriften nur in den Unfallverhütungsvorschriften der Berufsgenossenschaften oder in bundesrechtlichen Verordnungen erlassen werden können.
Die Gewerbeaufsichtsämter können nur im Einzelfall (§ 120d GewO) oder im Aufsichtswege tätig werden.

WERTH stellt als Gewerbeaufsichtsbeamter die Katalogisierung des Gewerbeaufsichtsamtes Düren nach zulässiger und nicht-zulässiger Allein-Arbeit in Frage. Er regt eine gewissenhafte Prüfung der Bedingungen in jedem Einzelfall an. Daneben stellt er die Frage, "..... wie weit bei der Entscheidung, ob Tätigkeiten für die Alleinarbeit geeignet oder ungeeignet sind, nicht auch andere physiologische und psychologische Gesichtspunkte zu berücksichtigen sind."

ZORN möchte aus arbeitsmedizinischer Sicht folgenden Personenkreis als gesundheitlich ungeeignet für die Tätigkeit am Einzelarbeitsplatz bezeichnen:

1. Anfallsleiden. Hierzu gehören Krampfanfälle und akut auftretende Benommenheit bzw. Bewußtlosigkeit, wie sie im Gefolge hirnorganischer Schädigungen (z.B. Epilepsie) oder als Hirndurchblutungsstörungen auftreten können. Dabei ist es gleichgültig, ob durch entsprechende Medikamente ein sehr langes "Intervall" seit dem letzten Anfall besteht.

2. Psychosen und Krankheiten, die zu Angstzuständen führen können und meist ein fehlerhaftes Benehmen und Verhalten bedingen.

3. Krankhafte Abhängigkeit von Genußmitteln und Drogen. Neben der zunehmend häufig beobachteten Abhängigkeit vom Alkohol ist hier auch die Abhängigkeit von Tabak zu erwähnen. Diese "Kranken" stehen in mancher Beziehung zur Gruppe "2".

4. Stoffwechselkrankheiten, wie Zuckerkrankheit, Schilddrüsenfunktionsstörungen, wenn diese Krankheit medikamentös nicht optimal eingestellt werden kann bzw. die Patienten in der Einnahme der Medikamente nicht verläßlich genug sind.

5. Wie Anfallsleiden sind das Bronchialasthma mit der akuten Atemnot und die Angina pectoris infolge eines durchblutungsgestörten Herzmuskels evtl. bei höherem Blutdruck, hohen Blutfettwerten, beängstigendem Engegefühl über dem Brustkorb zu bewerten.

6. Herzkrankheiten und fixierte Blutdruckerhöhungen, wenn diese einen entsprechenden Gefährdungsgrad zeigen. Diese Krankheiten des Herzkreislaufsystems bedürfen einer sehr differenzierten Beurteilung. Neben Herz- und Blutdruckerkrankungen, die zu anfallsweisen Störungen führen können, gibt es "leichtere" Störungen dieses Herzkreislaufsystems, die keine Eignungseinschränkung für das "Allein-Arbeiten" mit sich bringen.

5.2.2 Literatur außerhalb der BRD

Wir fanden insgesamt fünf Arbeiten zum Themenkomplex "Allein-Arbeiten".
So berichtete R. MEIER (1977) über eine Sicherheitsanlage für einen Einzelarbeitsplatz an rotierenden Maschinen in der DDR: In einer Arbeits- und Brandschutzordnung (ABAO) der DDR werden besondere Forderungen an einen derartigen Arbeitsplatz gestellt, an dem Werktätige außer Sicht- und Rufweite arbeiten. Die ABAO besagt demnach, daß dieser Arbeitsplatz mit "....möglichst selbsttätigen Alarmeinrichtungen zu versehen ist und ein stets funktionsbereites System der Anwesenheitskontrolle und Gefahrenwarnung haben soll".
Im folgenden wird eine Sicherheitseinrichtung referiert, nach der der Arbeiter über das Drücken einer Fußtaste eine Alarmauslösung verhindert. Erfolgt kein Tastendruck, wird zwangsläufig ein Alarm ausgelöst, wenn der Arbeiter einen Unfall erlitten hat oder durch ein anderes Ereignis daran gehindert ist, eine der Fußtasten zu betätigen.

In einem österreichischen Referat von K. MERKL (1974) werden eine Reihe von Arbeiten verschiedener Industriezweige aufgezählt, die eine Beschäftigung eines einzelnen Arbeiters nicht erlauben. MERKL nennt vor allem

a. besondere Gefährdungen der Arbeitnehmer, die allenfalls das sofortige Eingreifen einer zweiten Person erfordern und

b. besonders verantwortungsvolle Arbeiten, von deren ordnungsgemäßer und zeitgerechter Durchführung die Sicherheit von Personen oder Anlagen abhängt.

In Einzelfällen können Ausnahmen zugelassen werden. Solche Ausnahmen sind möglich, wenn durch besondere Vorkehrungen dem Schutz des Arbeitnehmers Rechnung getragen wird.

Für die Sicherheit werden einerseits Anforderungen bei der Personalauswahl (Ausschluß körperlicher Gebrechen wie Fallsucht, Krämpfe, Schwindelanfälle, Bewußtseinstrübungen, Schwerhörigkeit) gestellt; andererseits wird eine Personenüberwachungsanlage als gute Sicherungsmöglichkeit angesehen.

In zwei französischen Arbeiten (1980) werden technische Lösungen zur Sicherung eines Einzelarbeitsplatzes vorgestellt. In einer Übersichtstabelle werden die in Frankreich auf dem Markt befindlichen Personen-Sicherungsanlagen vorgestellt.
Folgende Möglichkeiten werden referiert:

a. Telefonische Verbindung zu Sicherheits-, Überwachungs- und Aufsichtsposten

b. Sprechfunkgeräte vom Typ "Walkie-Talkie"

c. Personensuchgeräte können von einer zentralen Stelle durch kodiertes Signal gerufen werden. Bei einigen Geräten dieser Art kann der Ruf zum Beispiel durch einfachen Knopfdruck quittiert werden.

d. Überwachungsgeräte (passiv) für Einzelarbeitsplätze, die die durch eine Person emittierten Infrarotstrahlen empfangen, ermöglichen die Feststellung der Bewegungslosigkeit dieser Person an einer bestimmten Stelle.

e. Automatische, willensunabhängige Alarmsysteme, die Lage- und Bewegungsalarm auslösen können.

Interessant erscheint der Hinweis, daß bisher ein Vergleich der Systeme nicht stattgefunden hat, eine solche Untersuchung jedoch für 1981 vorgesehen war, in der geplant war ".... die Funktionsgrundsätze dieser Geräte zu prüfen, deren verschiedene mögliche Anwendungsbereiche festzustellen sowie die Vor- und Nachteile sowohl auf technischer als auch auf psychologischer Ebene zu untersuchen".

Eine amerikanische Studie des National Safety Council kommt zu sehr ähnlichen Lösungsmöglichkeiten zur Sicherung von Einzelarbeitsplätzen. Der Begriff des "Allein-Arbeitens" ist dabei definiert als ".... die Durchführung einer Tätigkeit durch eine Person, die sich für mehr als einige Minuten außer Ruf- und Sichtweite einer anderen Person befindet".

Abschließend bleibt anzumerken, daß bei der in- und ausländischen Literaturdurchsicht insgesamt die Probleme des "Allein-Arbeitens" punktuell diskutiert werden.

Eine empirische Studie, zum Beispiel über das Unfallgeschehen oder über Erfahrungen mit bestimmten Überwachungssystemen, konnte nicht gefunden werden.

5.3 Fragebogenaktion, quantitative Auswertung

Wie aus der Durchsicht der uns bekannten Literaturhinweise ersichtlich, liegen keinerlei systematischen Erkenntnisse über die Art und Anzahl tatsächlich vorhandener Einzelarbeitsplätze vor. Wir hielten es daher für erforderlich, zumindest Schätzwerte zu erhalten, um annähernd die relative Größenordnung erfassen zu können.

Wie wir bereits oben im Untersuchungsansatz erklärt haben, beschränkten wir unsere Anfrage auf den Bereich Nordrhein-Westfalen und auf Betriebe mit mehr als 500 Mitarbeitern. Insgesamt ist danach von uns der im Anhang angefügte Fragebogen an die Geschäftsführung von 806 Firmen verschickt worden. Wir konnten dankenswerterweise einen im Vergleich zu sonstigen "Umfragen" recht erfreulichen Rücklauf von 282 (= 35 %) ausgefüllten Fragebögen registrieren. Darüber hinaus wurden wir von 21 weiteren Firmen per Brief informiert, daß entweder keine Einzelarbeitsplätze in dem Betrieb vorhanden sind oder aber aus verschiedenen Gründen an unserem Projekt nicht mitgearbeitet werden konnte.

Die erhaltenen Fragebögen haben wir aufgeteilt nach den Sparten der einzelnen Berufsgenossenschaften.

In Tabelle 1 sind zunächst die rein quantitativen Daten zusammengefaßt:

Tabelle 1: Auswertung des Fragebogens zur Ermittlung von "Einzelarbeitsplätzen" in Betrieben mit mehr als 500 Mitarbeitern in NRW

	BG	Anzahl d. Betriebe	Summe/ Mitarb.	Summe/ Eap	4.1	4.2	4.3	4.4	4.5
II	Steine u.Erden	11	7.330	48	33	7	-	3	5
III	Gas u. Wasser	10	16.163	12	-	-	9	2	1
IV	Eisen u.Metall	98	132.550	230	111	38	13	56	12
V	Elektrotechnik	52	48.760	140	92	15	16	12	5
VI	Chemie	34	119.134	456	234	113	59	14	36
VII	Holz u. Kunststoff	3	ca.2.045	2	-	-	-	-	2
VIII	Papier u. Druck	15	20.355	12	1	2	5	-	4
IX	Textil u. Leder	11	6.163	2	-	-	1	-	1
X	Nahrungs-u. Genußmittel	15	10.642	43	12	8	11	3	9
XI	Bau	7	11.050	50	36	-	5	9	-
XII	Handel etc.	12	11.612	-	-	-	-	-	-
XIII	Verkehr	6	11.458	11	-	-	7	3	1
	Summe	282	397.262	1006	519	183	126	102	76
	%	35		100	51,6	18,2	12,5	10,1	7,6

4.1 Arbeit in Sichtweite von anderen Personen

4.2 Beaufsichtigung durch Kontrollgänge

4.3 regelmäßiger Telefonkontakt

4.4 Einsatz eines automatischen willensunabhängigen Personensicherungssystems

4.5 Sonstige Sicherungsmaßnahmen z.B. Fernsehüberwachung, Funksprechverkehr

Aus der Frage 1 des Fragenkataloges konnten wir eine Zuordnung zu den einzelnen Berufsgenossenschaften vornehmen. Wir entnehmen derTabelle, daß die meisten Rücksendungen aus dem Bereich der Berufsgenossenschaften IV (Eisen und Metall), V (Elektrotechnik, Feinmechanik und Optik) sowie VI (Chemie) stammen (184 von 282 = 65,2 %).
Bezogen auf die Gesamtzahl der in der BR Deutschland ansässigen Betriebe liegt jedoch nur die Rücksendungsquote im Bereich der Berufsgenossenschaft Chemie prozentual höher (0,4 % gegenüber ansonsten ca. 0,1 - 0,2 %).

Wie aus der Aufstellung ersichtlich, sind in den befragten 282 Betrieben insgesamt 1.006 Einzelarbeitsplätze im Sinne § 36 UVV 1 bzw. § 27 ArbStättV vorhanden. Bezogen auf die Gesamtmitarbeiterschaft von 397.262 Beschäftigten sind dies 0,25 %. Statistisch ist bei ca. 400 Arbeitsplätzen mit einem Einzelarbeitsplatz zu rechnen.

Wie werden diese angegebenen Einzelarbeitsplätze nun im einzelnen gesichert?

In 519 (= 51,6 %) der insgesamt 1.006 benannten Einzelarbeitsplätze befindet sich die allein arbeitende Person bei der Durchführung der Arbeiten in Sichtweite von anderen Personen. Somit fallen diese Arbeitsplätze in strengem Sinne nicht unter § 27 ArbStättV, nach der Einzelarbeitsplätze, die außerhalb Sicht- und Rufweite liegen, besonders gesichert werden müssen.

183 (= 18,2 %) Einzelarbeitsplätze werden durch Kontrollgänge in bestimmten Abständen beaufsichtigt, während 126 (= 12,5 %) dadurch gesichert werden, daß die allein arbeitende Person zu festgelegten Zeitpunkten (in der Regel etwa halbstündlich), zum Beispiel beim Pförtner, anzurufen hat.

Eine echte willensunabhängige und automatische Einrichtung zur Auslösung eines Alarms wurde in lediglich 102 (= 10,1%) Fällen angegeben. Dabei ist erwähnenswert, daß allein 40 Einzelarbeitsplätze auf einen einzigen Betrieb aus dem Bereich der Berufsgenossenschaft IV (Eisen und Metall) entfallen. Da diese Art der Personensicherung für unsere Arbeit von herausragender Bedeutung war, haben wir mit all den Firmen Kontakt aufgenommen, die in irgendeiner Form diese willensunabhängigen technischen Systeme zur Sicherung einsetzen. Die Ergebnisse sind in Abschnitt 5.4 referiert.

Beziehen wir die 102 durch Hilfsgeräte gesicherten Arbeitsplätze auf die Gesamtmitarbeiterschaft von 392.262, so entspricht dies einem Prozentsatz von 0,03 %.

Wir haben zusätzlich unter der Rubrik 4.5 erfragt, ob noch andere Sicherungsmöglichkeiten vorhanden sind. Immerhin wurden 76 (= 7,6 %) andere Lösungen genannt. Sie verteilen sich neben seltenen Maßnahmen (z.B. Fernsehüberwachung) weitgehend auf Funksprechverkehr oder auf weiterentwickelte Funksprechgeräte - zum Teil in Eigenbau - durch Einbau einer "Totmannschaltung". Der Mitarbeiter soll dabei etwa alle 30 Minuten einen automatischen Anruf quittieren. Bei Ausbleiben der Quittierung erfolgt automatisch in der Zentrale Alarm.

Die folgende graphische Darstellung zeigt den prozentualen Anteil der einzelnen Sicherungsmaßnahmen.

Bild 1: Relative Häufigkeit der Sicherungsmaßnahmen am Einzelarbeitsplatz

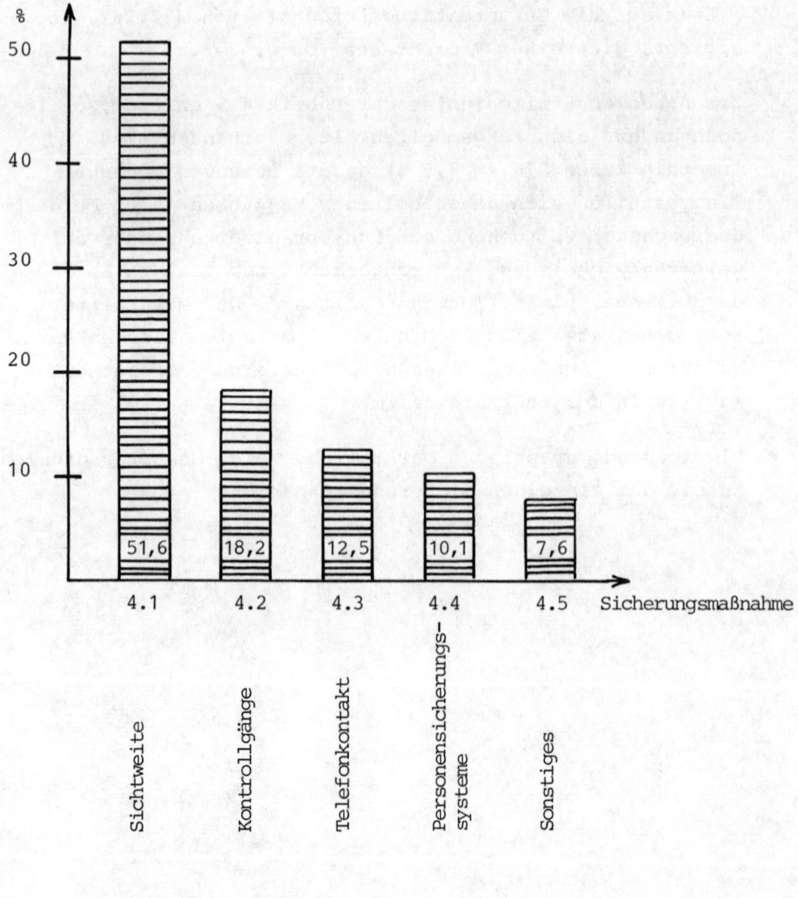

Ausgehend von den in der Tabelle 1 aufgelisteten Daten haben wir versucht, eine Schätzung über die ungefähre Menge von Einzelarbeitsplätzen in der BR Deutschland - bezogen auf die von uns einbezogenen Berufsgenossenschaften-vorzunehmen. Wir stützen unsere Schätzung dabei auf Mitarbeiterzahlen der einzelnen Berufsgenossenschaften, die wir der "Arbeitsunfallstatistik für die Praxis" von 1981 entnommen haben. Die Zahlen beziehen sich dabei allerdings auf das Jahr 1979.

Danach waren in den Berufsgenossenschaften II bis XIII insgesamt ca. 18 Millionen Vollarbeiter beschäftigt. Aus der Tabelle 1 ist abzulesen, daß in den 282 von uns befragten Betrieben ca. 400.000 Mitarbeiter tätig waren. Das entspricht einem Prozentanteil von 2,2 % bezogen auf die oben angegebene Gesamtmitarbeiterschaft. Rechnet man nun die Anzahl der ermittelten Einzelarbeitsplätze (1006 Eap nach Tabelle 1) hoch, so kann bei grober Schätzung mit einer Anzahl von ca. 34.000 Einzelarbeitsplätzen für den Bereich 45.000
der BG-Sparten II - XIII gerechnet werden. Legt man weiterhin zugrunde, daß etwa 10% der Einzelarbeitsplätze durch automatische, willensunabhängige technische Hilfsgeräte gesichert werden, so dürfte deren Zahl bei ca. 3.400 liegen. 4.500
Allerdings erscheint uns diese Schätzung eher etwas zu hoch. Möglicherweise liegt ein Meßfehler darin begründet, daß der Fragebogen eher von Personen - in der Regel die Sicherheitsingenieure - ausgefüllt und zurückgesandt wurde, die sich ohnehin für das Thema der Untersuchung interessieren (KÖNIG, R. 1968) oder selbst im Betrieb mit dem Problem "Einzelarbeitsplatz" konfrontiert werden.

5.4 Interview

Auf der Grundlage der Fragebogenergebnisse haben wir Betriebe ermitteln können, die über Einzelarbeitsplätze verfügen und diese mit technischen Hilfsgeräten gesichert haben.

Wir haben die Interviews in den Betrieben mit den Sicherheitsbeauftragten und zum Teil mit den betroffenen Arbeitnehmern, die ihre Tätigkeit an einem Einzelarbeitsplatz ausüben, geführt.

Erwähnenswert erscheint, daß einzelne Betriebe, die wir für die Befragung vorgesehen hatten, uns aus nicht weiter dargelegten Gründen das Interview nicht gaben.
Wir führten die Befragung letzlich in acht Betrieben durch, wobei eine Streuung angestrebt wurde. Kommunalbetriebe (z.B. Stadtwerke) sowie Betriebe der chemischen Industrie, Stahlwerke, Maschinenbaubetriebe und Nahrungsmittelindustrie, wurden befragt.

5.4.1 Definition der Eap

Bevor wir die Sicherheitsbeauftragten nach ihrer Definition des Einzelarbeitsplatzes befragten, haben wir uns über die Art der vorgesehenen Eap einen Überblick zu verschaffen gesucht. So wurden in einem Betrieb Elektro- und Malerarbeiten in engen Räumen nur an Wochenenden durchgeführt. In einem Hochregallager wird zeitweise allein gearbeitet, wenn ganz besondere Arbeiten anliegen. Darüber hinaus werden Prüfarbeiten ohne Baufsichtigung an Dampfkesseln durchgeführt, wobei die Zeit etwa 1 1/2 Stunden beträgt. Bei dieser Arbeit könnten theoretisch "Verpuffungen" auftreten.

Häufig sind es reine Nachtwächter- und Pförtnertätigkeiten. Nachtwächter machen nachts etwa 3-4mal Begehungen nach einem festgelegten Plan.

Bei Verkehrsgesellschaften befinden sich Einzelarbeitsplätze im Bereich von Straßenbahngruben sowie bei Arbeiten auf Straßenbahndächern und an Spannungsleitungen. Arbeiten Personen an diesen Stellen allein, werden diese immer durch ein Alarmsystem abgesichert, selbst wenn zum Beispiel Reinigungskräfte in der Nähe sind. Die Tätigkeit in den Straßenbahngruben ist als solche ungefährlich, die Umgebung jedoch als gefährlich einzustufen (z.B. scharfe Kanten).

In einem anderen Industriebetrieb wird in der Schmelzerei tagsüber abgegossen. Nachts werden die Elektroöfen vorbereitet. Die Türen von glühenden Öfen werden dabei häufig geöffnet. Diese Arbeit wird von einer Person allein nachts ausgeübt. Ein Temperist (Gußgießen im Temperguß) arbeitet allein in einem Raum. Der Temperist hat allerdings bis zu 40% lediglich Prüfaufgaben. Ein Härter arbeitet in einem anderen Betriebsteil. Er beschickt Härteöfen, dabei kann es zu Verpuffungen und Hitzeverletzungen kommen. In einem Stahlbetrieb gab es einen Wärter in einer Neutralisationsanlage.

Der Wärter arbeitet völlig isoliert vom anderen Betrieb in einem kleinen Häuschen etwa 100 m entfernt von den übrigen Betriebsanlagen.

Was die konkrete Definition des Einzelarbeitsplatzes angeht, so zeigten sich sehr unterschiedliche Informationsgrade bei den einzelnen Betrieben. Es wurde zwar in der Regel angegeben, die UVV 1 bzw. Arbeitsstättenverordnung § 27 seien bekannt. Schwierigkeiten tauchen jedoch bei der Frage auf, wann ein Einzelarbeitsplatz als gefährlich einzustufen ist. Hier lassen nach Meinung vieler Sicherheitsbeauftragter die Bestimmungen viele Interpretationsmöglichkeiten offen.
Ein Sicherheitsbeauftragter gab deutlich zu verstehen, daß UVV 1 und § 27 Arbeitsstättenverordnung nicht als hinreichend empfunden werden, zumal beide etwas gegensätzlich seien.
Dieser Sicherheitsbeauftragte war der Meinung, daß die UVV "Erste Hilfe" in die Definition mit einbezogen werden müßte. Er habe die Erfahrung gemacht, daß der Begriff "gefährliche Arbeit" nicht ausreichend definiert sei. Als hilfreicher werde es empfunden, alle die Tätigkeiten als "gefährliche Arbeiten" zu definieren, für die es spezielle Betriebsvorschriften (UVV) gibt.

Sehr konkret wurde der Einzelarbeitsplatz in einem Betrieb der chemischen Industrie definiert. Demnach wird ein "gefährlicher" Einzelarbeitsplatz definiert als ein Arbeitsplatz, der außer Sicht- und Rufweite ist und bei dem sich die potentielle Gefährdung

a) aus der Art des Auftrages (Tätigkeit) oder
b) aus der Umgebung ergibt.

Weiterhin wird unterschieden zwischen

a) ortsfesten und
b) ortsungebundenen Einzelarbeitsplätzen.

In dem Betrieb der chemischen Industrie werden Personensicherungsgeräte nur im Fall b) eingesetzt. Im Fall a) werden ausschließlich die übrigen unter Punkt 4 unseres Fragenkatalogs genannten Maßnahmen berücksichtigt. Hierfür seien weitgehend wirtschaftliche Gründe maßgebend gewesen, zumal die geringen Mittel voll reichen, um das Sicherheitsrisiko zu minimieren.

Aus der obigen Differenzierung zwischen der Tätigkeit und der Umgebung ergibt sich folgende Maßnahmematrix, wie sie auch in der Zeitschrift "Sicherheitsingenieur" 11/74 ausführlich dargelegt wurde:

Tätigkeit	Umgebung	Maßnahme
ungefährlich	ungefährlich	Keine Maßnahme. Alleinarbeit mit Genehmigung der Führungskraft.
	gefährlich	Alleinarbeit kann genehmigt werden, wenn eine geeignete Überwachung durch technische Hilfsmittel sichergestellt ist. Auch technische Lösungen zur Frühwarnung (z.B. für austretende Gase) sind denkbar.
gefährlich	ungefährlich	Einzelarbeitsplatz wird eliminiert (z.B. durch 2.Person)
	gefährlich	

Beim Vergleich von Arbeitsstättenverordnung § 27 und UVV 1 (§ 36) erschien es nach Meinung einiger Sicherheitsbeauftragter notwendig, die Begriffe des "Alleinarbeitens" und des "Einzelarbeitsplatzes" abzugrenzen. Demnach ergibt sich aus der "Alleinarbeit" nach keine konkrete Gefährdung, weder von der Umgebung noch von der Tätigkeit her.

Aus den Erfahrungen mit den Interviewten zeigt sich sehr deutlich, daß bei einzelnen Betrieben sehr subjektive Maßstäbe bezüglich der Definition des Einzelarbeitsplatzes und der Festsetzung des Gefährdungsgrades bestehen.
Wie auch schon aus der Fragebogenaktion ersichtlich ist, werden doch weitgehend technisch einfachere Lösungen verwandt. Allerdings klang häufig durch, daß beispielsweise die Sicherung durch eine zweite Person mehr und mehr durch Rationalisierungsmaßnahmen in den Hintergrund tritt.

5.4.2 Unfallgeschehen

Bei der extrem geringen Stichprobe ist mit Sicherheit nicht mit einer repräsentativen Information über das tatsächliche Unfallgeschehen an Einzelarbeitsplätzen zu rechnen. Aber es lassen sich dennoch anhand von Einzelbeispielen unseres Erachtens symptomatische Abläufe nachvollziehen.

Von den acht interviewten Gesprächspartnern gaben fünf an, ihnen seien in ihrem Betrieb Unfälle bekannt geworden. Insgesamt werden acht Unfälle an gefährlichen Einzelarbeitsplätzen verzeichnet. In drei Fällen hat es sich allerdings um Unfälle gehandelt, die durch rein körperliche Ursachen (Herzanfall, Gehirnschlag) bedingt wurden. So habe im Maschinenhaus ein Arbeiter, der allein gewesen sei, einen Gehirnschlag erlitten. Er sei erst am anderen Morgen gefunden worden. Ein anderer habe tagsüber beim Arbeiten einen Herzanfall bekommen, wobei dieser hätte ertrinken können. Durch Zufall sei er jedoch sehr schnell von einem anderen gefunden worden.
Aus diesen Störfällen seien insofern Konsequenzen gezogen worden, als jeder, der allein arbeitet, sich jede halbe Stunde zu melden hat. Darüber hinaus werden bestimmte Arbeiten weitgehend zu zweit durchgeführt.

In einem anderen Betrieb seien ebenfalls zwei Unfälle passiert. Ein Temperist habe einen elektrischen Schlag abbekommen und etwa 15 Minuten bewußtlos gelegen. Erst danach sei er selbst zum Pförtner gegangen und von dort ins Krankenhaus gebracht worden. Dieser Unfall sei Auslöser für die Anschaffung eines willensunabhängigen, automatischen Hilfsgerätes gewesen.

Ein Sicherheitsbeauftragter berichtet über zwei Unfälle, wobei als auslösendes Moment für die Anschaffung eines Sicherungssystems der Unfall eines Nachtwächters gewesen sei, der etwa nach 03.oo Uhr passiert sei.

Der Nachtwächter sei über einen Träger gefallen und habe sich den Fuß gebrochen. Es habe 1 1/2 Stunden gedauert, bis der Verletzte gefunden wurde.
Aus diesem Vorfall heraus seien für die Nachtwächter Walkie-Talkies (Eigenentwicklung, s.unten) angeschafft worden. Nachdem die Nachtwächter mit diesen Geräten ausgerüstet waren, sei ein zweiter Unfall durch einen Sturz passiert. Mittels des Funkgerätes konnte innerhalb von fünf Minuten eine Bergung des Verletzten erfolgen.

In einem kommunalen Verkehrsbetrieb sei ein Unfall passiert, weil ein Mann betrunken gewesen sei und in eine Straßenbahngrube gefallen sei. Er habe eine schwere Kopfverletzung davongetragen. Zufällig sei er durch eine Putzhilfe gefunden worden. Dieser Unfall sei für die zuständige Berufsgenossenschaft der Anlaß gewesen, diese Arbeitsplätze als gefährlich einzustufen, nachdem Vertreter der Berufsgenossenschaft einen Begehungsbericht gemacht hätten.
Der Fall belegt die grundsätzliche Schwierigkeit, Übereinkunft über den Begriff des "gefährlichen Arbeitsplatzes" zu erzielen und a priori-Entscheidungen über den Gefährlichkeitsgrad bestimmter Arbeitsplätze zu treffen. In nicht seltenen Fällen ist erst das Eintreten eines konkreten Unfallereignisses Anlaß, bestehende Einstufungen zu revidieren.

5.4.3 Technische Hilfsmittel

Die gängigen, auf dem Markt befindlichen Alarmsysteme, sind unter Punkt 5.1 vorgestellt worden.
Ziel des Interviews war die Ermittlung praktischer Erfahrungen mit den Systemen. Die Suche nach aufgetretenen technischen Problemen oder auch nach technischen Eigen- bzw. Weiterentwicklungen stand dabei im Vordergrund.
Sehr wesentlich für konkrete Hilfsmaßnahmen erschien uns die Einbettung der Alarmsysteme in einen größeren Alarmierungsplan. Aus den im folgenden berichteten Einzelbeispielen werden grundlegende, weitgehend gültige Grundbedingungen und notwendige organisatorische Maßnahmen abgeleitet.

In einem Betrieb liegen seit drei Jahren praktische Erfahrungen mit dem System C (Abschnitt 5.1.3) vor.
Das Empfangsgerät liegt im Pförtnerhaus, wobei die Entfernung zwischen den zu sichernden Arbeitsplätzen (Sender) und dem Pförtnerhaus (Empfänger) maximal ca. 300 m betrage. Somit sind technische Probleme nicht aufgetreten. Eine im Keller befindliche Gießerei ist von starken Betonwänden umgeben. Dennoch ist ein voller Empfang gegeben. Da es sich um <u>ortsfeste</u> Einzelarbeitsplätze handelt, ist auch eine Identifizierung des Unfallortes sofort möglich.

Zum organisatorischen Umfeld: Der Pförtner ist in der Lage, selbst zum Unfallort zu laufen. Es vergehen maximal fünf Minuten, bis der Pförtner telefonisch einen Krankenwagen holen kann. Dieser braucht etwa fünf Minuten, um im Werksgelände zu sein. In spätestens 15 Minuten dürfte sich der Unfallverletzte somit im Krankenhaus befinden. Zusätzlich kann eine erste ärztliche Notversorgung bereits früher durchgeführt werden.

Auch im zweiten Beispiel handelt es sich um ortsfeste Einzelarbeitsplätze in einem kommunalen Verkehrsbetrieb. Der Betrieb ist mit dem System E (Abschnitt 5.1.5) ausgerüstet. Die schematische Zeichnung weist eine Aufteilung des Betriebes in insgesamt vier Betriebshöfe aus.

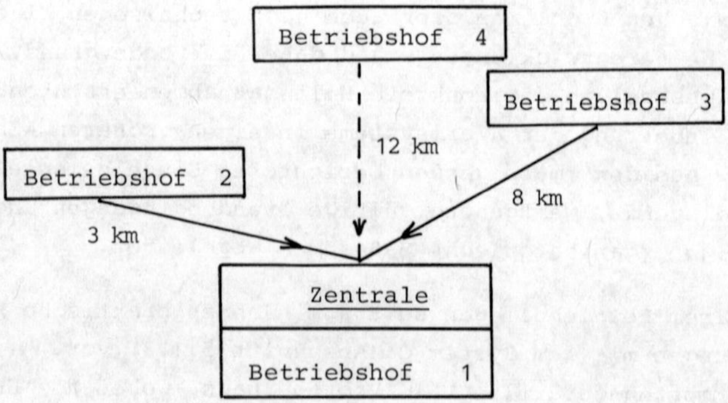

Die Betriebshöfe 1 - 3 sind derzeit mit jeweils einem Sendegerät ausgestattet. Die Zentrale befindet sich im Betriebshof 1. Der Betriebshof 4 soll mit einem zusätzlichen Gerät in Kürze ausgerüstet werden. Die Überbrückung der Entfernungen zwischen der Zentrale und den einzelnen Betriebshöfen erwies sich als größtes Problem. Die Lösung wurde so gefunden, daß auf jedem Betriebshof eine Antenne installiert wurde, die die Impulse aufnahm und abgab. Die große Entfernung von den Betriebshöfen zu der Zentrale wird mit einer festen Leitung überbrückt.

Tritt der Alarmfall ein, ergab sich die Schwierigkeit, dem Rettungsdienst das Auffinden zu erleichtern. Hierzu wurde an dem Gebäude, in dem der gefährliche Einzelarbeitsplatz errichtet ist, ein Rundumlicht installiert, um der Feuerwehr bzw. Polizei sofort mitzuteilen, in welchem Gebäude der möglicherweise Verletzte liegt. Um den Mann dann selbst

schnell finden zu können - da er möglicherweise in einer Grube liegen könnte - hat man die allein arbeitende Person noch mit einem Signalgeber bestückt, der durch eine Verstärkeranlage einen Hupton auslösen kann.
Die Notrufmeldung von der Zentrale wird mit einem festgelegten und mit der Feuerwehr abgestimmten Wortlaut durchgegeben.
Um einen evtl. Fehlalarm auszuschalten, erfolgt von der Zentrale zunächst ein Rückruf an den Betriebshof. Wenn nach einer Minute kein Kontakt hergestellt werden kann, wird die Feuerwehr alarmiert.

Größere technische und organisatorische Probleme treten dann auf, wenn es sich um einen ortsungebundenen Einzelarbeitsplatz handelt. In einem großflächigen Betrieb treten dann Probleme der begrenzten Reichweite der Sendegeräte auf. Auch kann es zu einer Störung durch Funkschatten kommen. Um die technischen Probleme in diesem Fall zu minimieren, wurden an verschiedenen Orten des Betriebes zusätzliche Antennen aufgebaut, die es ermöglichten, praktisch den gesamten Betrieb funktechnisch abzudecken. Das größte Problem bei einem ortsungebundenen Arbeitsplatz ist das aufwendige organisatorische Umfeld. Macht beispielsweise ein Pförtner nachts einen Rundgang durch den Betrieb, so ist es mit den bisherigen Alarmsystemen nicht möglich, eine genaue Identifizierung des Standortes vorzunehmen. Zur Minimierung der dadurch auftretenden Gefahren wurde für den Pförtner ein fester Zeitplan festgelegt, der in der Rufzentrale aushängt. Wird somit zu einem bestimmten Zeitpunkt ein Alarm ausgelöst, so kann die betreffende Person in der Rufzentrale anhand des Plans schnell lokalisieren, an welchem Ort sich der Nachtwächter gerade befinden muß.
Zusätzlich ist abgesprochen, daß der Nachtwächter jeweils beim Betreten eines Raumes Licht einschaltet und es beim Verlassen wieder ausschaltet. Interessant in diesem Zusammenhang ist, daß aufgrund der Erfahrungen aus einer Simulationsübung spätestens zehn Minuten nach Alarmauslösung eine

ärztliche Betreuung möglich war. Über die Bewährung des gesamten technischen und organisatorischen Systems liegen im Ernstfall allerdings noch keine Erfahrungen vor, da keine Störfälle eingetreten sind.

In einem anderen Betrieb wurde eine eigene Lösung gefunden, die hier kurz vorgestellt werden soll. Es wurde ein Gerät entwickelt, mit dem man in der Regel in der Lage war, Sprechfunkkontakt aufzunehmen. Gleichzeitig sollte jedoch ein Alarmsignal ausgelöst werden (Lagealarm), wenn beispielsweise der Betroffene durch einen Unfall handlungsunfähig wurde. Von einer Elektrofirma wurde ein Sprechfunkgerät mit der zusätzlichen Ausrüstung entwickelt. Solange das Gerät senkrecht getragen wird, geschieht nichts. Wird das Gerät in eine waagerechte Lage gebracht, erfolgt nach ca. 30 Sekunden beim Pförtner im dort aufgestellten Empfangsgerät ein Tonsignal.
Nach Angaben des Sicherheitsbeauftragten sei das Gerät jedoch sehr störanfällig. Ein Grund habe bisher nicht gefunden werden können. DieReichweite liege bei ca. 3-4 km. Funkschatten tritt in Kellerräumen sowie in durch Metallplatten abgesicherten Räumen auf. Diese Räume werden jedoch durch die Nachtwächter nicht begangen. Der Empfang beim Wechselsprechverkehr war sehr gut. Die Zentrale wird durch einen Pförtner besetzt. Erfolgt ein Alarm, so kann er sehr schnell beispielsweise einen Betriebselektriker informieren, der sich um den Verletzten kümmert. Somit braucht der Pförtner selbst seinen Raum nicht zu verlassen. Es gibt einen festgelegten Wegeplan, den der Nachtwächter bei der Begehung strikt einzuhalten hat. Dabei sind verschiedene Punkte fest markiert, an denen jeweils eine telefonische Meldung beim Pförtner zu erfolgen hat. Wird ein Alarm beim Pförtner ausgelöst, so kann einerseits nach dem Wegeplan, andererseits nach der letzten telefonischen Meldung der Unfallort sofort lokalisiert werden.

Folgende Gesichtspunkte waren den Interviews zusammenfassend zu entnehmen:

In sehr seltenen Fällen ist konkret eine Kosten-Nutzen-Analyse bezüglich des Einsatzes technischer Hilfsgeräte durchgeführt worden. Weitgehend wurde auf technisch aufwendige Lösungen verzichtet, weil aus Kostengründen einfachere Funksprechgeräte als ausreichend bezeichnet wurden. In einigen Fällen ist eine Einigung dahingehend zustandegekommen, daß alle Personen, die allein arbeiten, sich in regelmäßigen Abständen zu melden haben.

5.4.4 Akzeptanz

Mit dem Begriff "Akzeptanz" verbinden wir die Vorstellung, in welchem Ausmaß bestimmte Maßnahmen, in diesem Fall technische Systeme zur Sicherung von Personen - einerseits von den betroffenen Mitarbeitern, die mit solchen Systemen überwacht werden sollen, angenommen werden, andererseits die Geschäftsführungen die Bereitschaft zeigen, die Belegschaft mit derartigen - zum Teil kostspieligen - Systemen auszurüsten.

Bei unseren Befragungen der Sicherheitsbeauftragten und der Betroffenen selbst ergab sich ein breites Spektrum von strikter Ablehnung bis hin zur hohen Akzeptanz zum Tragen technischer Geräte.
Wir wählen zum besseren Verständnis zwei Extrembeispiele aus und stellen danach die Gesichtspunkte dar, die sich aus den Interviews für und gegen die Akzeptanz technischer Sicherungssysteme herauskristallisiert haben.

Ein Beispiel absolut fehlender Akzeptanz sei vorangestellt. Im Bereich eines Stahlwerkes gab es lediglich einen Einzelarbeitsplatz, der durch ein willensunabhängiges Hilfsgerät gesichert wird. Es handelt sich um einen Wärter in einer Neutralisationsanlage. Der Wärter arbeitet völlig isoliert vom anderen Betrieb in einem kleinen Häuschen etwa 100 m entfernt von den übrigen Betriebsanlagen.
Vor ca. 17 Jahren wurde zur Sicherung dieses Arbeitsplatzes ein Sicherungssystem einer deutschen Elektrofirma angeschafft. Dies arbeitet so, daß ca. alle 2 Minuten ein sehr lautes Hupsignal ertönt. Der Wärter trägt dieses Gerät am Körper, mit dem er dieses Hupsignal quittieren muß. Nach der Quittierung erlischt dieses Signal. Falls die Quittierung nicht erfolgt, wird beim Pförtner Alarm ausgelöst. Beim Pförtner leuchtet ein Lämpchen auf unter gleichzeitigem Ertönen eines Hupsignals. Der Wärter gab selbst an, er könne sich noch genau daran erinnern, als dieses Gerät angeschafft worden sei. Er selbst sei dazu nicht befragt worden;

ihm sei es praktisch aufgezwungen worden. Aufgrund des extrem lauten Tons sei das Gerät praktisch von ihm nie benutzt worden, weil man dauernd durch die Hupe "in Angst und Schrecken" versetzt werde. Der Wärter führte aus, er sei durchaus daran interessiert, ein Sicherungsgerät zu bekommen. Dieses dürfe ihn aber nicht in derart unerträglicher Form ständig stören.
Der Arbeitsplatz selbst ist durchaus als gefährlicher Einzelarbeitsplatz aufgrund der Umgebung einzustufen. Es sind sehr steile Treppen vorhanden, Rohrverbindungen unter der Decke, an die man leicht anstoßen kann und sehr enge Verhältnisse. Hinzu kommt, daß stillschweigend akzeptiert wurde, das Gerät nicht zu benutzen. Dem Wärter selbst wurde zwar in gelegentlichen Abständen gesagt, er solle das Gerät tragen. Er hat es allerdings nicht getan. Im Falle eines Unfalles wäre der Betroffene selbst in einer schlechten Position.

Ein Gegenbeispiel, wie hohe Akzeptanz erreicht werden kann, läßt sich aus dem Interviewbericht in einem chemischen Betrieb ersehen: Nachdem der Geschäftsführung von einer Herstellerfirma ein Angebot unterbreitet worden ist, gefährliche Einzelarbeitsplätze mit einem willensunabhängigen automatischen Sicherungssystem auszurüsten, wurde die Sicherheitsabteilung eingeschaltet und mit der Durchführung einer Analyse beauftragt. Die Sicherheitsabteilung hat sich sehr intensiv mit dem Problem des Einzelarbeitsplatzes auseinander gesetzt und sich um klare Abgrenzungen und Definitionen bemüht. Danach hat man verschiedene Arbeitsplätze, an denen Menschen allein arbeiten, analysiert und ein abgestuftes System von Sicherungsmaßnahmen geschaffen. So konnten die Probleme weitgehend mit technisch relativ einfachen und wenig kostenintensiven Maßnahmen (z.B. halbstündlicher Telefonanruf, Sprechfunkgeräte) gelöst werden.
Die Untersuchung ergab insgesamt 38 Einzelarbeitsplätze, wobei dann lediglich sechs Einzelarbeitsplätze letztlich mit willensunabhängigen Alarmgeräten ausgerüstet wurden.

Unter der Bedingung einer frühzeitigen Einschaltung der Mitarbeiter in die Entscheidungsprozesse konnte eine volle Akzeptanz erreicht werden. Die Mitarbeiter waren überzeugt, daß der Einsatz eines Alarmgerätes wirklich für die eigene Sicherheit wertvoll ist. Wesentlich war für die Überzeugung der Mitarbeiter, daß alle anderen Möglichkeiten überdacht waren und als nicht ausreichend verworfen werden mußten.

Diese Gegenüberstellung macht die Palette deutlich, warum Alarmgeräte akzeptiert oder abgelehnt werden können. Aus der Gesamtheit der Interviews lassen sich folgende Gesichtspunkte für und gegen die Akzeptanz von willensunabhängigen, automatischen Überwachungssystemen ableiten:

Gesichtspunkte, die die Akzeptanz verringern:

1. Geräte sind zu schwer und zu umständlich.
2. Das Tragen und Mitführen der Geräte wird als störend empfunden.
3. Gefühl totaler Überwachung.
4. Fehlende Motivation, weil lange Zeit kein Unfall eingetreten ist.
5. Mangelnde Motivierung zum Tragen der Geräte durch Führungskräfte.

Gesichtspunkte, die die Akzeptanz erhöhen:

1. Hohe Akzeptanz nach konkreten Unfallereignissen.
2. Kein Gefühl der Überwachung, weil die Zentrale beim Pförtner (Gleichgestellter) liegt.
3. Motivation zum Tragen der Geräte zum Teil deshalb hoch, weil die eigene Gesundheit und das Leben besser geschützt werden.
4. Dem Mitarbeiter muß deutlich werden, daß andere Möglichkeiten bedacht und als nicht ausreichend verworfen wurden.
5. Der Betriebsrat muß ebenfalls frühzeitig in den Entscheidungsprozeß einbezogen werden.

Unter den hier beschriebenen Faktoren, die zur Akzeptanz oder Ablehnung von Personensicherungssystemen beitragen, kommt unter arbeitspsychologischen Gesichtspunkten dem Problem der "totalen Arbeitsüberwachung" besondere Bedeutung zu.
Sicherungssysteme die ihren spezifischen Zweck der Unfall- oder Störanzeige nur auf Kosten einer totalen personalen Überwachung erreichen, werden erfahrungsgemäß von den Mitarbeitern abgelehnt, weil sie das Gefühl der kontinuierlichen Kontrolle erzeugen.
Als negatives Extrembeispiel kann die sogenannte "Bildschirmüberwachung" angeführt werden, die allerdings in der Praxis eine untergeordnete Rolle spielt. Zwar sind die Möglichkeiten der Überwachung in anderen Arbeitsbereichen (z.B. in Großraumbüros) ebenfalls fast vollständig gegeben, sie sind jedoch nicht so evident und personenbezogen. In abgeschwächter Form können auch Systeme mit "Bewegungsmeldern" als System der Überwachung über den originären Sicherungszweck hinaus empfunden werden. So wird beispielsweise auch dann Alarm ausgelöst, wenn sich die betreffende Person etwa für eine kurze Zeit zur Ruhe legt oder setzt. In der Praxis wird dieses Problem oft dadurch gelöst, daß sich die Person an der Zentrale (z.B. Pförtner) für kurze Zeit "abmeldet", also das Gerät außer Betrieb setzt. Allerdings wird dadurch wiederum der eigentliche Zweck der Sicherungseinrichtung infrage gestellt.

Unter psychologischen Gesichtspunkten ist jedoch wesentlich, möglichst von vornherein Alarmsysteme anzubieten, die nicht als unangemessene Überwachung empfunden und fehlinterpretiert werden können, weil sie mit hoher Wahrscheinlichkeit eher abgelehnt werden. Daraus ergibt sich wiederum die Forderung, die vorhandenen Einzelarbeitsplätze genau zu analysieren und danach die Sicherungsmöglichkeiten auszuwählen. Systeme, die ein übermäßiges Gefühl der Überwachung erzeugen, sollten nur dann eingesetzt werden, wenn andere Systemkonfigurationen sich als nicht hinreichend herausgestellt haben.

6. Diskussion der Ergebnisse

6.1 Unfallgeschehen an Einzelarbeitsplätzen

Aus der Literaturdurchsicht waren keinerlei Hinweise über besonders ausgewiesene Unfallstatistiken an gefährlichen Einzelarbeitsplätzen zu finden.
Wie von SKIBA (1979) angemerkt wird, besteht der Hauptsinn der Unfallstatistik darin, Erkenntnisse zu gewinnen, mit deren Hilfe die Arbeitssicherheit verbessert werden kann. Dabei spielen nicht nur humanitäre, sondern auch wirtschaftliche Gründe eine Rolle, wenn man bedenkt, daß ca. 2,5 % des Bruttosozialprodukts durch Unfall als Verlust kalkuliert werden muß.

Wir können aus den Ergebnissen unserer Interviews keine reliablen Unfalldaten ableiten. Eine sehr grobe Schätzung des Unfallgeschehens an Einzelarbeitsplätzen läßt sich lediglich aus der Gesamtunfallstatistik ableiten.
Im Jahr 1979 waren im Bereich der Berufsgenossenschaften II bis XIII ca. 18 Millionen Vollarbeiter registriert, wobei innerhalb dieser Berufsgenossenschaften insgesamt ca. 1,5 Millionen Arbeitsunfälle registriert wurden. Das sind ca. 8 % bezogen auf die Anzahl der Vollarbeiter.
Unter der Prämisse, daß die Unfallverteilung bei den Einzelarbeitsplätzen mit den übrigen vergleichbar ist, ergibt sich bei einer geschätzten Größenordnung von ca. 34.000 Einzelarbeitsplätzen in der Bundesrepublik Deutschland eine Unfallhäufigkeit von ca. 3.000 Unfällen pro Jahr.

Es ist nochmals zu betonen, daß die Schätzungen eine Anzahl von Imponderabilien enthalten. Die hochgerechneten Zahlen sollen an dieser Stelle nur andeuten, daß es sicher lohnenswert sein dürfte, anhand einer größeren, repräsentativen Untersuchung gesichertes statistisches Material zu sammeln.

Die aus den Interviews ermittelten Unfälle an Einzelarbeitsplätzen belegen die Notwendigkeit, möglichst nur körperlich und psychisch geeignete Personen mit derartigen Tätigkeiten zu betrauen. Wenn auch die Sicherheitsvorschriften vorwiegend von Auflagen und Maßnahmen nach Eintritt eines Unfalles ausgehen, so sind gerade bei der Durchführung "gefährlicher Arbeiten" - mit möglicherweise sogar höherem Unfallrisiko als bei üblichen Arbeiten - auch prophylaktische Unfallverhütungsmaßnahmen dringend erforderlich.

Die Interviews lieferten erfreuliche Resultate hinsichtlich der Bergung von Verunfallten, wenn diese mit einem automatischen, willensunabhängigen Alarmsystem ausgerüstet waren und die weiteren notwendigen organisatorischen Maßnahmen hinreichend überdacht und berücksichtigt wurden.

Es ergab sich ein mittlerer Zeitwert von ca. 10 - 15 Minuten, bis der Verletzte ärztlich versorgt werden konnte.

6.2 Erfahrungen mit der Anwendung von Überwachungssystemen

Als nicht unwesentliches Ergebnis der Fragebogenaktion kann mit einiger Zurückhaltung gesagt werden, daß die Arbeitsplätze in einer großen Anzahl von Betrieben noch nicht hinreichend auf die Qualität "gefährlicher Einzelarbeitsplätze" überprüft wurden. Dies kann nur als Resultat der Tatsache gewertet werden, daß sich bisher keine Veröffentlichung systematisch mit dem Problembereich so auseinandergesetzt hat, wie es der Dringlichkeit der Situation entspricht. Die angespannte wirtschaftliche Situation in vielen Betrieben dürfte ebenso dazu beitragen, auf kostenintensive Investionen im Bereich der Sicherheit zu verzichten.

Die aus den Interviews gewonnenen Erfahrungen mit den technischen Überwachungssystemen sind global als positiv zu bezeichnen, wenn der Anschaffung vorher eine innerbetriebliche Analyse der Ausgangssituation vorangestellt wird. So ist es empfehlenswert, folgende Analyseschritte zu beachten:

- Durchsicht der bestehenden einschlägigen Vorschriften und daraus abzuleitenden Maßnahmen;

- Feststellung, an welchen Stellen und wieviele gefährliche Einzelarbeitsplätze im Betrieb vorhanden sind;

- Differenzierung der Einzelarbeitsplätze nach
  a) gefährlicher / ungefährlicher > Tätigkeit und
  b) gefährlicher / ungefährlicher > Umgebung;

  (siehe Abschnitt 5.4.1)

- Eliminierung von Einzelarbeitsplätzen durch Hinzuziehung einer 2. Person nach den bestehenden Unfallverhütungsvorschriften bei "gefährlicher" Tätigkeit;

- Differenzierung der Einzelarbeitsplätze nach
  a) ortsfesten und
  b) ortsungebundenen Einzelarbeitsplätzen;

- Feststellung, welche Einzelarbeitsplätze mit relativ einfachen (z.B. Telefonkontakt, regelmäßige Kontrolle durch andere) Mitteln gesichert werden können;

- Feststellung der Anzahl von übrigbleibenden Einzelarbeitsplätzen, die effektiv nur mit einem automatischen, willensunabhängigen Alarmsystem zu sichern sind;

- Entscheidung für ein bestimmtes Überwachungssystem, welches den betrieblichen Anforderungen am besten entspricht;

- Anpassung des technischen Systems an die betrieblichen Notwendigkeiten (z.B. Ausschaltung technischer Probleme wie Funkschatten, begrenzte Reichweite o.ä.);

- Bei ortsungebundenen Einzelarbeitsplätzen:
  Aufstellen eines Maßnahmekatalogs, um im Störfall die schnelle Bergung des Verunfallten zu gewährleisten (Wegeplan, Zeitplan, Alarmierungsplan).

Mit dieser planerischen Auseinandersetzung ist jedoch noch nicht gewährleistet, daß die Maßnahmen auch von den betroffenen Arbeitnehmern akzeptiert werden. Zur konkreten Realisierung bedarf es weiterer Überlegungen, wie wir im folgenden aufzeigen.

6.3 Akzeptanz durch Betroffene und Betriebe

Die Interviews und die Eindrücke in Betrieben zeigen, daß bereits bestehende und installierte Sicherungsanlagen oft unbenutzt bleiben. In Abschnitt 5.4.4 haben wir bereits Gesichtspunkte aufgezeigt, die Einflüsse auf die Akzeptanz von Alarmeinrichtungen durch Betroffene ausüben können.

Darüber hinaus sind grundsätzliche Überlegungen aus arbeitspsychologischer Sicht notwendig, um eine Erklärung dafür zu finden, daß die Geräte häufig nicht getragen werden.
Wie von BURKARDT (1980) übersichtlich dargestellt, ist auch die Entwicklung von Arbeitsgewohnheiten das Ergebnis eines Lernprozesses, der zur Prägung sicherer Gewohnheiten und Sicherheitseinstellungen bzw. zur Änderung sicherheitswidriger Gewohnheiten oder Einstellungen führen kann. Dabei wird die Erfahrung gemacht, daß das erwünschte "sichere Verhalten" selten Vorteile - also belohnt wird - manchmal sogar Nachteile bringt:

- Das Tragen eines automatischen, willensunabhängigen Alarmgerätes erzeugt Gefühle der Überwachung, wird als lästig und störend empfunden.

- Das Nichttragen des Alarmgerätes erzeugt Gefühle der Unabhängigkeit und wird verstärkt durch die Tatsache, daß ein tatsächlicher Unfall ein sehr seltenes Ereignis ist.

Wir wissen aus den Lerngesetzen (operante Konditionierung oder "Lernen am Erfolg" nach HOLLAND und SKINNER, 1971), daß ein Verhalten, welches angenehme Folgen hat - also belohnt wird - in Zukunft häufiger auftritt - also gelernt wird -, während ein Verhalten, das unangenehme Folgen hat - also bestraft wird - in Zukunft weniger häufig auftritt - also verlernt wird -.

Bezogen auf unser Beispiel kann dies bedeuten, daß das Nicht-Benutzen eines Sicherungsgerätes zur Gewohnheit werden kann, weil die selten eintretenden Mißerfolge (Unfall) oft nicht ausreichen, eine Verhaltensänderung zu bewirken.

Daraus ergeben sich Folgerungen für die Motivierung, einen solchen Lernprozeß positiv zu verändern:

der Vorteil des Tragens eines Sicherungsgerätes kann verdeutlicht werden durch

- überzeugende Information,
- frühzeitige Einbeziehung des Träger in Entscheidungsprozesse,
- Anerkennung durch Vorgesetzte,
- Unterstützung durch Kollegen,
- Vermittlung von Erfahrungen,

der Nachteil des Tragens eines Sicherungsgerätes kann reduziert werden durch

- bequeme Handhabung des Geräts,
- Gefühl der "Überwachung" minimieren,
- Anpassung des Systems an die konkreten Bedürfnisse des Betroffenen,
- Ausschaltung zu häufiger Störungen des Arbeitsablaufes z.B. durch Huptöne, die quittiert werden müssen,
- ständige Überprüfung der Geräte auf Funktionsfähigkeit.

Der <u>Vorteil</u> des Nicht-Tragens eines Sicherungsgerätes kann vermindert werden durch

- regelmäßige Unterschrift über Empfang eines Geräts,
- zeitlich begrenzte starke Überwachung.

Der <u>Nachteil</u> des Nicht-Tragens eines Sicherungsgerätes kann verstärkt werden durch

- starke Kontrolle,
- Kritik üben,
- abschreckende Beispiele,
- eingetretene Unfälle.

Eine Verbesserung der Akzeptanz zum Benutzen von Alarmsystemen durch die Betroffenen setzt allerdings zunächst eine Akzeptanz durch die Betriebsleitung selbst voraus. Auf dieser Ebene können naturgemäß bei der Entscheidung über die Einführung von Personensicherungsgeräten betriebswirtschaftliche Aspekte mit denen der Sicherheit in Konkurrenz treten.

6.4 Eignung bestimmter Geräte für bestimmte Einzelarbeitsplätze

Eine Darstellung über die Einsatzbereiche ist bereits in Abschnitt 5.1 bei der Vorstellung und Prüfung der Alarmsysteme vorgenommen worden. Eine Zusammenfassung relevanter Kriterien ist aus Tabelle 2 ersichtlich:

Tab. 2: Übersicht über Einzelarbeitsplatzüberwachungsanlagen und deren Eigenschaften

	Zeit-alarm	Lage-alarm	Bewe-gungs-alarm	Regel-mäßige Quittie-rung notwendig	Eignung für ortsfest/orts-ungebundene Einzelarbeits-plätze
System A	x			ja	ortsfest
System B		x		ja	ortsfest
System C[1]			x	nein	ortsfest und ortsungebunden
System D	x			ja	ortsfest
System E[2]	x	x	x	nein	ortsfest und ortsungebunden

1) Weitere Einsatzmöglichkeiten durch Gas- und Rauchmeldesensor

2) Es kann auch sogenannter Druckalarm ausgelöst werden.

Die technisch spezifisch für die Sicherung gefährlicher Arbeitsplätze entwickelten Systeme C und E sind sehr flexibel einsetzbar.

Für die Sicherung ortsungebundener Einzelarbeitsplätze wäre es im Zuge einer Weiterentwicklung erstrebenswert, die Auffindbarkeit dadurch zu erhöhen, daß man in das System eine Art "elektronischen Wegeplan" integriert.

Derzeit ist zum System E ein neuartiges System zur Lokalisierung der abgesicherten Personen in Gebäuden, in technischen Anlagen sowie im Betriebsgelände in der Entwicklung. Es handelt sich um ein System, welches je nach Wahl ständig oder nur im Alarmfall die verschiedenen Standorte jeder der abgesicherten Personen anzeigt.

Die Systeme A, B und D können in der Regel Sicherungsprobleme abedecken, die bei ortsfesten Einzelarbeitsplätzen vorhanden sind.

Bei Funk-Sprechgeräten liegt ein Problem darin, daß einem "Notruf" keine Priorität vor anderen Gesprächen eingeräumt werden kann.

6.5 Geltende Sicherheitsvorschriften und ihre Weiterentwicklung

Zunächst gilt festzuhalten, daß die Unfallverhütungsvorschrift (VBG 1) "Allgemeine Vorschriften" den Charakter einer Basisanforderung hat, die für alle Wirtschaftszweige von Bedeutung ist, die aber durch differenzierte spezielle Unfallverhütungsvorschriften ergänzt wird.
Was den unbestimmten Rechtsbegriff der "gefährlichen Arbeit" in § 36 VBG 1 angeht, so ist eine Präzisierung dahingehend möglich, daß man sagt: "Gefährliche Arbeiten sind alle Tätigkeiten, die durch spezielle Betriebsvorschriften definiert sind." Letztendlich bleibt die Entscheidung, wann ein Arbeitsplatz als "gefährlich" einzustufen ist, bei der Firmenleitung und dem Sicherheitspersonal (Betriebsärzte, Sicherheitsfachleute). Dies ergibt sich eindeutig aus § 1 des "Gesetzes über Betriebsärzte, Sicherheitsingenieure und andere Fachkräfte für Arbeitssicherheit" (Arbeitssicherheitsgesetz vom 12.12.1973):

> § 1 Grundsatz. Der Arbeitgeber hat nach Maßgabe dieses Gesetzes Betriebsärzte und Fachkräfte für Arbeitssicherheit zu bestellen. Diese sollen ihn beim Arbeitsschutz und bei der Unfallverhütung unterstützen. Damit soll erreicht werden, daß
>
> 1. die dem Arbeitsschutz und der Unfallverhütung dienenden Vorschriften den besonderen Betriebsverhältnissen entsprechend angewandt werden.
> 2. gesicherte arbeitsmedizinische und sicherheitstechnische Erkenntnisse zur Verbesserung des Arbeitsschutzes und der Unfallverhütung verwirklicht werden können,
> 3. die dem Arbeitsschutz und der Unfallverhütung dienenden Maßnahmen einen möglichst hohen Wirkungsgrad erreichen.

Eine Zusammenarbeit mit dem Betriebsrat wird in § 9 ArbSichG ausdrücklich gefordert. Darüber hinaus ist es nach § 11 ArbSichG erforderlich, einen sogenannten Arbeitsschutzausschuß zu bilden, der sich zusammensetzt aus:

- dem Arbeitgeber oder einem von ihm Beauftragten,
- zwei vom Betriebsrat bestimmten Betriebsratsmitgliedern,
- Betriebsärzten,
- Fachkräften für Arbeitssicherheit und Sicherheitsbeauftragten nach § 719 RVO.

Aus den Interviews sind unterschiedliche Reaktionen auf die Verständlichkeit der § 27 ArbStättV und § 36 VBG 1 erkennbar. Die Palette reicht von "völlig hinreichend und klar" bis zu "wenig hilfreich und widersprüchlich".

Tatsächlich sind Widersprüche in der Auslegung beider Paragraphen nicht zu übersehen:
Die Begriffe "Einzelarbeitsplatz mit erhöhter Unfallgefahr" (§ 27 ArbStättV) und "gefährliche Arbeit von einer Person" (§ 36 VBG 1) sind nicht identisch, weil im ersten Fall sowohl die Tätigkeit als auch die Umgebung als für die allein arbeitende Person als gefährlich eingestuft werden kann, während im zweiten Fall offensichtlich nur eine gefährliche Tätigkeit gemeint ist. Wie wir aus der Fülle der speziellen Unfallverhütungsvorschriften ersehen, ist in der Regel jedoch bei einer derartigen gefährlichen Tätigkeit eine zweite Person <u>zwingend</u> vorgeschrieben. So bleiben bei strenger Auslegung des § 36 kaum Einzelarbeitsplätze übrig, die bei "gefährlicher Arbeit" eine andere Sicherungseinrichtung (z.B. ein Hilfsgerät) erfordern.

Entsprechend fiel auch die Reaktion einiger Betriebe aus, denen wir unseren Fragebogen zugesandt haben.
Exemplarisch für viele zitieren wir ein Antwortschreiben eines Betriebes:

> .... wir haben Ihre Anregung zum Gegenstand einer Überprüfung unserer Arbeitsplätze wahrgenommen, ... Gefährliche Arbeiten an Einzelarbeitsplätzen sind, auch in Absprache mit unserem Betriebsarzt, nicht erkennbar.

Nebenbei ist festzuhalten, daß durch die Fragebogenaktion sozusagen als "Nebenprodukt" abfiel, daß einige Betriebe offensichtlich erstmalig ihre Arbeitsplätze nach dem Kriterium "Einzelarbeitsplatz" untersuchten.

Bei einer eventuellen Neufassung des § 36 halten wir nach den derzeitigen Erkenntnissen folgende Veränderungen für angemessen:

1. Gefährliche Arbeiten dürfen nur an Personen, die nach entsprechender Auswahl in körperlicher, geistiger und fachlicher Hinsicht geeignet sind, übertragen werden.
   (Anforderungen sind in Abschnitt 5.2.1 genannt)

2. Wie vorhanden.

3. An einem Einzelarbeitsplatz mit erhöhter Unfallgefahr, der außerhalb von Ruf- und Sichtweite zu anderen Arbeitsplätzen liegt, ist eine Überwachung sicherzustellen, soweit das "Allein-Arbeiten" nicht schon durch andere spezifische Unfallverhütungsvorschriften ausgeschlossen wird.

   Die Überwachung richtet sich nach den Erfordernissen des Arbeitsplatzes. Der Unternehmer muß dafür sorgen, daß
   - die allein arbeitende Person durch Kontrollgänge in kurzen Abständen beaufsichtigt wird,

- ein zeitlich abgestimmtes Meldesystem eingerichtet wird, durch das ein vereinbarter, in bestimmten Zeitabständen zu wiederholender Anruf erfolgt

  oder

- von der allein arbeitenden Person ein Hilfsgerät (Signalgeber) getragen wird, das drahtlos, automatisch und willensunabhängig Alarm auslöst, wenn es eine bestimmte Zeitdauer in einer definierten Lage verbleibt (Zwangshaltung der Person).

Wenn das Ergebnis der sich abzeichnenden Weiterentwicklung von Personensicherungssystemen den Anforderungen an technische Vollkommenheit, Wirtschaftlichkeit und Akzeptanz genügt, kann mittel- oder langfristig nicht ausgeschlossen werden, daß die derzeit in bestimmten Sicherheitsvorschriften festgeschriebene Verpflichtung, an bestimmten Arbeitsplätzen eine zweite Person einzusetzen, eine ernsthafte Alternative in dem Einsatz von Personensicherungssystemen erfährt.

6.6 Abschluß und offene Fragen

Wir haben in dieser Pilot-Studie versucht, den derzeitigen Ist-Zustand zum Problembereich "Einzelarbeitsplatz" aufzuarbeiten und zu beschreiben.
Aufgrund der im Bericht dargestellten und begründeten Einschränkungen des Untersuchungsumfanges sind eine Reihe von Antworten auf Fragen offengeblieben; andere Fragen haben sich erst durch die Studie herauskristallisiert.

Aufgrund der vorliegenden Erfahrungen besteht Anlaß zu der Annahme, daß in einigen Betrieben eine Auseinandersetzung mit dem Problem "Einzelarbeitsplatz" noch nicht in ausreichender Form stattgefunden hat; viele sind erst durch den Fragebogen zu einer Prüfung angeregt worden.
ErheblicheInformationsdefizite lagen auch vor, wenn es um die Kenntnis vorhandener technischer Sicherungssysteme und die Möglichkeit ihrer Anwendung ging. Viele Betriebe sind an neutraler, sachkundiger Beratung interessiert.

Abgeleitet aus dem vorliegenden Bericht und als Folge der eingangs beschriebenen Einschränkungen bleiben die folgenden Gesichtspunkte einer weiteren Klärung vorbehalten:

- Durchführung einer repräsentativen Umfrage über Art und Anzahl von Einzelarbeitsplätzen in der Bundesrepublik Deutschland, über die in dieser Arbeit behandelten Betriebsbereiche hinaus;
- Erhebungen über das Unfallgeschehen an Einzelarbeitsplätzen.
  Als Untersuchungsschwerpunkt sind dabei u.a. zu nennen:ein Vergleich des Ablaufs von Rettungsmaßnahmen nach Unfällen an Einzelarbeitsplätzen <u>mit</u> den verschiedenen Personensicherungssystemen und <u>ohne</u> diese.
  Desweiteren erscheint eine Ermittlung von Unfallhäufigkeiten an Einzelarbeitsplätzen und "Gruppenarbeitsplätzen" mit vergleichbarem Gefährdungsgrad

hinsichtlich der Tätigkeit und der Umgebung aufschlußreich.
Ein wesentlicher - bislang völlig unberücksichtigter - Gesichtspunkt ist eine Datenerhebung über mögliche materielle Schäden nach einem eingetretenen Störfall an einem Einzelarbeitsplatz, an Objekten (Maschinen, Geräte etc.) sowie eine dadurch verursachte Gefährdung weiterer Personen.

- Eine Studie über die Langzeitbewährung von Personensicherungssystemen unter den Aspekten der technischen Zuverlässigkeit und der Akzeptanz kann wesentliche Hinweise für eine Verbesserung der Systeme liefern.

- Durch einen "Kosten-Nutzen-Vergleich" sollten die wirtschaftlichen Vor- und Nachteile von Personensicherungssystemen gegenüber anderen Sicherungsvarianten (z.B. zweite Person) analysiert werden.

7. Literaturverzeichnis

1) Abt, W., Unfälle und Unfallhäufigkeit nach Berufsgruppen, Arbeitssicherheit, Berufsgenossenschaft, Oktober 1977

2) Abt, W., Unfallanalyse '77, Schriftreihe des Hauptverbandes der gewerblichen Berufsgenossenschaften e.V., August 1979

3) Alke, H.H.,Alarmanlagen zur Sicherung gefährdeter Personen, Die Berufsgenossenschaft, Januar 1978

4) Arbeitsgesetze, Verlag C.H. Beck, München, Oktober 1980

5) Arbeitsunfallstatistik für die Praxis, 1981, Hauptverband der gewerblichen Berufsgenossenschaften e.V., Bonn

6) Beilage zum Mitteilungsblatt der Hütten- und Walzwerks-Berufsgenossenschaft, Januar 1981

7) Burkardt, F., Arbeitsgewohnheit und Sicherheitseinstellung als Resultate von Lernprozessen
2. Sommersymposium der Gesellschaft für Sicherheitswissenschaft, Düsseldorf, 2. - 3. Juni 198o

8) Compes, P.C., Betriebsunfälle wirtschaftlich gesehen, Köln, Deubner, 1965

9) Dubois, K.H., Der Mensch als Sicherheitsproblem in technischen Systemen, TÜ 21, (198o) Nr. 10 Oktober

10) "Einzelarbeitsplatz", gute Kritik hilft weiter, Sicherheitsingenieur, November 1974

11) Händel, K., Schumacher, H., Bierwerth, Werth, f.W., Zorn, H. "Problem Einzelarbeitsplatz", Sicherheitsingenieur 3/74

12) Hawranek, D., "Alle drei Stunden ein Toter", Zeit und Bild, Frankfurter Rundschau am Wochenende, 27.3.1982, 38 Jg.Nr. 13

13) Holland, J.G. und Skinner, B.F., Analyse des Verhaltens Urban und Schwarzenberg, München, Berlin, Wien, 1971

14) König, R., "Das Interview", Praktische Sozialforschung 1, Verlag Kiepenheuer & Witsch, Köln, Berlin, 1968

15) La sécurité des travailleur isolés - Nouveaux appareils d'alarme et de recherche de personnes, Travail et sécurité, Decembre 1980, p. 647-651. Illus

16) Leuchter, H., Notruf- und Alarmanlagen zur Sicherung von Personen, Die Berufsgenossenschaft, Februar 1972

17) Leuchter, H., Notruf- und Alarmanlagen zur Sicherung von Personen, Die Berufsgenossenschaft, März 1975

18) Meier, R., Sicherheitsanlagen für einen Einzelarbeitsplatz an rotierenden Maschinen, Der Elektro-Praktiker 31 (1977)

19) Merkl, K., Der Ein-Mann-Arbeitsplatz, Sichere Arbeit, Jg. 1974, Nr. 3

20) Müller, Alarmanlagen zum Schutz alleinarbeitender Personen bei gefährlichen Arbeiten, Die Berufsgenossenschaft, Oktober 1978

21) Neubert, H., Die gewerblichen Berufsgenossenschaften im Jahr 1977, Die Berufsgenossenschaft, September 1978

22) Raiquet, B., Système d'alarme automatique pour le repérage des travailleur isolés victimes d'accident ou de malaises, Travail et sécurité, Paris, France, June 1977, No. 6, p. 324 - 325. Illus.

23) Sicherheit durch zweite Person, Merkblatt für die Unfallverhütung, Berufsgenossenschaft der Feinmechanik und Elektrotechnik, Fassung 1.81

24) Signalgeber für Personen, die gefährliche Arbeiten ausführen Sichere Chemiearbeit, Januar 1982

25) Skiba, R., Unfallanalysen '74-'77, bemerkenswerte Untersuchungen über das Unfallgeschehen, Sicherheitsingenieur, 11/79 Jg. 10

26) Steiniger, K., Arbeitspsychologische Konzepte zur Sicherheit und Zuverlässigkeit von Mensch-Maschine-Systemen, TÜ 22 (1981), Nr. 4 April

27) Stöcker, Psychologie und Arbeitssicherheit, Württ. Bau-BG, Mitteilungen 1/78

28) Unfallverhütungsvorschriften, Verwaltungs-Berufsgenossensch

29) Working Alone in R & D Laboratories, August 1978, Data Sheet, National Safety News, Chicago, USA

30) Verzeichnis der Einzel-Unfallverhütungsvorschriften der gewerblichen Berufsgenossenschaften (VBG-Vorschriften) Stand April 1982 Hauptverband der gewerblichen Berufsgenossenschaften

31) Zimolong, B., Methoden der psychologischen und technischen Arbeitssicherheit, Psychologie und Praxis (1976) Nr. 2, Jg. 20

8. Anhang: I

Betrieb/Firma:

F r a g e n k a t a l o g

1. Welcher Berufsgenossenschaft bzw. welchem Unfallversicherungsträger ist Ihr Betrieb zuzuordnen?

   ....

2. Wieviele Mitarbeiter sind in Ihrem Betrieb beschäftigt?

   ca. ....

3. Wieviele Einzelarbeitsplätze im Sinne von § 27 ArbStättV bzw. § 36 UVV 1 (s. Anlage) befinden sich in Ihrem Betrieb?

   ca. ....

4. Wie werden die Einzelarbeitsplätze gesichert?
   Bitte geben Sie auch die Anzahl der so gesicherten Einzelarbeitsplätze an.

   ( ) Die allein arbeitende Person befindet sich in Sichtweite anderer Personen.

   Anzahl: ....

   ( ) Die allein arbeitende Person wird durch Kontrollgänge in kurzen Abständen beaufsichtigt.

   Anzahl: ....

   ( ) Die allein arbeitende Person hat in bestimmten Zeitabständen anzurufen.

   Anzahl: ....

   ( ) Die allein arbeitende Person trägt ein Hilfsgerät (Signalgeber), das drahtlos, automatisch und willensunabhängig Alarm auslösen kann.

   Anzahl: ....

   ( ) Falls Sonstige:
   Bitte kurz die Methode angeben.

   Anzahl: ....

5. Wir geben Ihnen nun die uns bekannten technischen Hilfsgeräte vor und bitten Sie anzukreuzen, welche Geräte in Ihrem Zuständigkeitsbereich Verwendung finden, wieviele insgesamt eingesetzt werden und welcher Art die so gesicherten Einzelarbeitsplätze sind. Sollten noch andere Geräte vorhanden sein, so bitten wir diese - mit Hersteller- und Typenbezeichnung - in die freien Reihen einzutragen.

Hersteller- und Typenbezeichnung			Anzahl Geräte	Art des Einzelarb.platzes (Mehrfachnennung möglich)
( )	Grotjahn	TW 26		
( )	Kiepe	EAÜ		
( )	COMPUR	4100 Monitox		
		4101 Minidosim		
		4102		
		4200 Life-Sensor		
		4900 / 4902		
( )	AEG-Telefunken	NMS 2000		
( )	Siemens	Telecust 36		
		Sirecust 300		
( )	Bosch	FuG 10/13		
( )				
( )				
( )				
( )				
( )				
( )				
( )				
( )				

Interview-Schema zur Einzelarbeitsplatzanalyse

I. Zur Definition des Eap:

1) Welcher Art sind die Eap?

2) Empfinden Sie die UVV 1 § 36 und ArbstättV § 27 für die Definition als hinreichend?

- Oder wie würden Sie den gefährlichen Einzelarbeitsplatz definieren?

3) Es gibt bekanntlich mehrere Möglichkeiten zur Sicherung von Eap. Nach welcher Strategie haben Sie entschieden, wie in Ihrem Betrieb die Eap gesichert werden?

II. Zum Unfallgeschehen:

1) Hat es in Ihrem Betrieb Störfälle im Bereich der Eap gegeben?
Wenn ja, wieviele: ....

2) Wie ist der Störfall passiert und die Alarmierungsmaßnahme abgelaufen?

3) Wie lange hat es gedauert, bis der Verletzte versorgt war?

4) Sind aus dem Störfall Konsequenzen gezogen worden?

III. Technische Hilfsmittel:

1) Wieviele und welche technischen Hilfsmittel werden eingesetzt?
   a) Nach welchen Kriterien haben Sie das technische Hilfsmittel ausgewählt?
   b) Sind technische Probleme bekannt geworden? (Funkschatten, begrenzte Reichweite, Zentrale)
   c) Wie sind die Probleme gelöst worden?

...

2) Welche <u>organisatorischen</u> Maßnahmen waren noch erforderlich, um im Störfall schnelle Hilfe leisten zu können?

a) Wie finden Sie bei einem ortungebundenen Eap den Ort des eingetretenen Störfalles?

b) Wie verläuft die weitere Hilfeleistung?

c) Haben Sie Störfälle simuliert, um Erfahrungen zu sammeln?

3) Haben Sie vor dem Einsatz technischer Hilfsmittel eine Kosten - Nutzen - Analyse durchgeführt?

Mit welchem Ergebnis?

IV. <u>Zur Akzeptanz</u>:

1) <u>Befragung des Sicherheitsingenieurs</u>

Wie waren die Reaktionen der Betroffenen, die mit einem technischen Hilfsgerät ausgestattet wurden?

2) <u>Befragung des Betroffenen</u>

a) Wie ist Ihr Arbeitsplatz beschaffen?

b) Halten Sie ein solches Gerät für notwendig und hilfreich?

c) Fühlen Sie sich durch das Tragen des Gerätes bei der Arbeit behindert?

d) Fühlen Sie sich bei der Arbeit kontrolliert?

e) Haben Sie das Gefühl, daß das Gerät Ihnen im Ernstfall hilft oder

f) haben Sie bereits Erfahrungen damit gemacht?

9. Anhang: II

Herstelleradressen

1. Kiepe Elektrik GmbH
   Postfach 130540
   4000 Düsseldorf 13

2. Robert Bosch GmbH
   Postfach 50
   7000 Stuttgart 1

3. Compur-Electronic GmbH
   Arnoldstraße 7
   4000 Düsseldorf 30

4. AEG-Telefunken
   Energie- und Industrietechnik
   Zentralwerkstätten
   Drontheimer Str. 28-38
   1000 Berlin 65

5. Alfred Grotjahn GmbH
   Schmiedestraße 35
   3167 Burgdorf

Weitere Veröffentlichungen aus der Reihe Forschungsberichte

F 103: M. Sälzer, H. J. Schreiber, W. Rohmert:
Tremor und Arbeitssicherheit – Eine Dokumentation und Systematisierung der Literatur
197 Seiten DM 19,50

F 112: K. Th. Kalveram, F. Merz, V. Riegels:
Einfluß von Pausen auf die Leistung bei Steuertätigkeiten
68 Seiten DM 9,50

F 116: W. Rohmert, G. U. Becker-Biskaborn:
Ergonomische Prüfliste für den Arbeitsschutz – mit Literaturanhang –
208 Seiten DM 21,—

F 117: R. Peterreins:
Sicherheitstechnische Untersuchungen über Möglichkeiten zum Verbessern der Arbeitssicherheit in Walzwerken
176 Seiten DM 19,—

F 120: G. R. Vollmer:
Risikoverhalten im innerbetrieblichen Transportsystem Kranführer – Kran
176 Seiten DM 19,—

F 123: E. Wende, F. Eggeling:
Schwerpunkte der Berufskrankheiten in der Bundesrepublik Deutschland
336 Seiten DM 26,80

F 127: H. Arnold, A. Stech, W. Drabeck:
Prüfung von Schutznetzen durch Fallversuche
120 Seiten DM 16,50

F 128: H. J. Torke:
Methodik der fotooptischen Analyse von Arbeitsabläufen in der Unfallverhütung
120 Seiten DM 16,25

F 140: K. H. Diekershoff, G. Kliemt, S. Diekershoff:
Die Rolle des Sicherheitsingenieurs im System der betrieblichen Arbeitssicherheit
320 Seiten DM 27,—

F 141: J. Rutenfranz, E. Werner:
Schichtarbeit bei kontinuierlicher Produktion Arbeitssoziologische, sozialpsychologische und arbeitsmedizinische Aspekte
434 Seiten DM 35,—

F 142: G. U. Becker-Biskaborn:
Ergonomische Erkenntnissammlung für den Arbeitsschutz mit Informationssystem
Band I, 196 Seiten + 5 Falttafeln DM 25,—
Band II, 280 Seiten DM 25,—

F 145: W. Radl, H. Burger, E. Kvasnicka, E. Schaaf, G. Thau:
Psychische Beanspruchung und Arbeitsunfall
325 Seiten DM 29,—

F 146: W. Dicke:
Möglichkeiten zum Schutz vor gefährlichen beweglichen Teilen an Stetigförderern
76 Seiten DM 12,50

F 147: X. Bonefeld, M. Macheleidt:
Arbeitssicherheit beim Einsatz von Gabelstaplern
98 Seiten DM 15,50

F 148: A. Franke, S. Jokl:
Die volkswirtschaftlichen Kosten der Arbeitsunfälle
352 Seiten DM 32,50

Zu beziehen durch:

Wirtschaftsverlag nw
Verlag für neue Wissenschaft GmbH

Postfach 10 11 10
Bürgerm.-Smidt-Straße 74–76
2850 Bremerhaven 1
Telefon (04 71) 4 60 93–95

Weitere Veröffentlichungen aus der Reihe Forschungsberichte

F 149: A. Franke, S. Jokl:
Prognose der volkswirtschaftlichen Kosten der Arbeitsunfälle
68 Seiten DM 12,50

F 154: W. Großeschallau, G. Pawellek:
Bewertung von organisatorischen Zuständen im innerwerklichen Transport und Verkehr
100 Seiten DM 15,50

F 158: M. von Pupka:
Anforderungsgerechtes menschliches Verhalten bei Transporttätigkeit – Anforderungs- und Eignungsprofile
246 Seiten DM 28,—

F 162: K. Refflinghaus:
Innerbetrieblicher Transport und Verkehr – Bilanz von Forschungsergebnissen –
328 Seiten DM 35,—

F 166: F. Gau, W. D. Dobbenecker:
Unfälle beim Ankuppeln und Rückwärtsfahren von Lastwagen
42 Seiten DM 9,50

F 175: P. Müller-Seitz:
Industrielle Schichtarbeit in betriebswirtschaftlicher Sicht
286 Seiten DM 29,50

F 179: G. Pawellek, W. Heinz:
Organisation und Arbeitssicherheit bei Transportvorgängen
112 Seiten DM 18,—

F 188: J.-H. Kirchner, R. Uckermann:
Ergonomische Merkmale für Gestaltung und Einsatz von Gabelstaplern
256 Seiten DM 28,—

F 189: F. Burkhardt, H.-J. Küssner, A. Platte:
Arbeitsgestaltung oder Personalauswahl – Arbeitsbedingungen bei Fahr-, Steuer- und Überwachungstätigkeiten
80 Seiten DM 14,25

F 191: H. Schmidtke, H.-P. Rühmann:
Ergonomische Gestaltung von Steuerständen
168 Seiten DM 20,50

F 193: R. Uckermann, J.-H. Kirchner:
Möglichkeiten der Verhinderung von Unfällen beim Rangieren von Schienenfahrzeugen
280 Seiten DM 29,—

F 194: B. Zimolong, J.-H. Kirchner, U. Obermeier, R. Uckermann:
Gefährdungseinschätzung beim Rangieren
64 Seiten DM 13,50

F 200: H. Schnauber, M. Raab:
Erhöhung der Arbeitssicherheit durch den Einsatz von Manipulatoren
304 Seiten DM 29,50

F 206: X. Bonefeld, U. Kröger, M. Macheleidt, J. Meudt, K. Refflinghaus, O. E. Schröder, R. Skiba:
Arbeitssicherheit in der Stahlindustrie (I)
Elektro-Stahlofen, Krantransport, Gesenkschmiede, Vergüterei
196 Seiten DM 23,—

F 207: X. Bonefeld, W. Dicke, H. H. Kamps, W. Lange, M. Macheleidt, U. Rademacher:
Arbeitssicherheit in der Stahlindustrie (II)
Putzerei, Kaltwalzwerk, Zieherei, Dreherei
224 Seiten DM 25,—

Zu beziehen durch:

Wirtschaftsverlag NW
Verlag für neue Wissenschaft GmbH

Postfach 10 11 10
Bürgerm.-Smidt-Straße 74–76
2850 Bremerhaven 1
Telefon (0471) 46093–95

Weitere Veröffentlichungen aus der Reihe Forschungsberichte

F 215: H.-H. Kamps:
Erhöhung der Arbeitssicherheit beim Lagern von Coils und Bandstahlringen
83 Seiten DM 14,50

F 216: E. Werner, M. Bau, R. Frielingsdorf, H. Romahn, R. Romahn:
Arbeitszeit und Unfallgeschehen
192 Seiten DM 22,—

F 217: J.-H. Kirchner, H. Schröder, S. Tietz, R. Uckermann, M. Nippert:
Ergonomische und sicherheitstechnische Gestaltung von Gabelstaplern
320 Seiten DM 29,50

F 224: H.-G. Koch:
Soziale und organisatorische Einflüsse auf das Unfallgeschehen bei Transporttätigkeiten am Beispiel von Walzwerks- und Rohrwerksadjustagen
370 Seiten, 4 Farbtafeln und Faltblätter DM 39,—

F 237: B. Schaab:
Die betrieblichen Aufgabenbereiche der Fachkräfte für Arbeitssicherheit
186 Seiten DM 22,—

F 247: R. Jünemann, G. Pawellek:
Organisation und Arbeitssicherheit bei Transportvorgängen
208 Seiten DM 24,—

F 248: F. Eggeling:
Berufskrankheitenrisiken
336 Seiten DM 33,—

F 251: R. Müller:
Arbeitsunfähigkeiten, Berufskrankheiten und Mobilität in Berufen
228 Seiten DM 26,—

F 252: R. Müller:
Arbeitssituation und gesundheitliche Lage von Schweißern
108 Seiten DM 16,75

F 253: R. Müller:
Arbeits- und Gesundheitssituation von Transportarbeitern
96 Seiten, mit mehreren Falttafeln DM 21,—

F 255: H. Rehhahn:
Arbeitsteilung im Arbeitsschutz
96 Seiten DM 15,—

F 259: *Innerbetriebliche Verkehrsregelungen*
344 Seiten, mehrere farbige Falttafeln, 149 Abb. DM 44,—

F 278: B. Bartsch, H. Reiners, R. Schürmann:
Konzeptionsstudie zu Arbeitsbedingungen in Straßenverkehrsberufen
180 Seiten DM 23,50

F 279: P. Müller-Seitz:
Schichtarbeit und Wirtschaftlichkeit
466 Seiten DM 48,—

F 304: H. Schnauber, M. Raab, P. Weigelt:
Fallstudie Manipulatoren
60 Seiten DM 14,—

F 307: G. Krause:
Transport gefährlicher Güter – Gewerberecht – Verkehrsrecht
248 Seiten DM 28,50

Zu beziehen durch:

Wirtschaftsverlag NW
Verlag für neue Wissenschaft GmbH

Postfach 10 11 10
Bürgerm.-Smidt-Straße 74–76
2850 Bremerhaven 1
Telefon (04 71) 4 60 93–95

Weitere Veröffentlichungen aus der Reihe Forschungsberichte

F 310: S. Tietz:
Entwicklung eines ergonomiegerechten Hemmschuhs zur Verbesserung der Handhabung und der Arbeitssicherheit beim Abbremsen von Eisenbahnwagen mit Hemmschuhen
182 Seiten DM 26,—

F 319: W. Poppy, M. Dürre:
Beitrag zur Verminderung von Unfällen mit Erdbaumaschinen
72 Seiten DM 14,50

Schriftenreihe Arbeitsschutz

Nr. 8: *Arbeitsschutz im innerbetrieblichen Transport und Verkehr – Vorträge der Informationstagung '74 der BAU in Dortmund*
350 Seiten, zahlreiche Abbildungen DM 39,50

Nr. 10: *Maschinenschutz*
Vorträge der Informationstagung '76 der BAU in Dortmund
312 Seiten DM 37,—

Nr. 15: A. Mertens:
Der Arbeitsschutz und seine Entwicklung
228 Seiten DM 32,—

Nr. 21: *Arbeitsschutz auf Baustellen*
Vorträge der Informationstagung '79 der BAU in Dortmund
195 Seiten DM 31,—

Zu beziehen durch:

Wirtschaftsverlag
nw
Verlag für neue Wissenschaft GmbH

Postfach 10 11 10
Bürgerm.-Smidt-Straße 74–76
2850 Bremerhaven 1
Telefon (04 71) 4 60 93–95